剪映教程II

调色卡点+字幕音乐+片头片尾+爆款模板

龙飞　编著

清华大学出版社

北京

U0275000

内 容 简 介

本书由剪映课程讲师，根据 26 万学员喜欢的后期技巧，在畅销书《剪映教程：3 天成为短视频与 Vlog 剪辑高手》的基础上，精心扩展并编写而成。书中主要内容如下：

9 大短视频剪辑专题内容，包含调色卡点、字幕音乐、片头片尾、爆款模板等，帮助大家更快、更好地制作出理想的视频效果，让短视频轻松获取更多的流量和关注！

62 个实用干货技巧和案例，从基础的剪辑，到各种爆款案例的制作方法，帮助大家快速掌握剪映 App 的核心技巧，成为短视频拍摄和剪辑的高手，制作出专属于自己的电影级大片！

本书赠送所有案例的素材文件＋效果文件＋62 集同步视频讲解，读者可通过扫描书中二维码获取和观看。

本书适合手机短视频拍摄与后期制作的爱好者，特别是想学习抖音、快手短视频后期剪辑的人员阅读，也可以作为学习手机短视频剪映剪辑的参考书。

图书在版编目 (CIP) 数据

剪映教程 . Ⅱ，调色卡点＋字幕音乐＋片头片尾＋爆款模板 / 龙飞编著 . —北京：清华大学出版社，2021.9 (2022.11重印)

　　ISBN 978-7-302-59025-5

　　Ⅰ.①剪…　Ⅱ.①龙…　Ⅲ.①视频编辑软件　Ⅳ.① TN94

　　中国版本图书馆 CIP 数据核字 (2021) 第 173517 号

责任编辑：李　磊
封面设计：王　晨
版式设计：孔祥峰
责任校对：马遥遥
责任印制：丛怀宇

出版发行：清华大学出版社
　　　　　网　　址：http://www.tup.com.cn，http://www.wqbook.com
　　　　　地　　址：北京清华大学学研大厦A座　　　邮　　编：100084
　　　　　社 总 机：010-83470000　　　　　　　　邮　　购：010-62786544
　　　　　投稿与读者服务：010-62776969，c-service@tup.tsinghua.edu.cn
　　　　　质 量 反 馈：010-62772015，zhiliang@tup.tsinghua.edu.cn
印 装 者：河北华商印刷有限公司
经　　销：全国新华书店
开　　本：140mm×210mm　　**印　　张：**7.5　　**字　　数：**303千字
版　　次：2021年9月第1版　　**印　　次：**2022年11月第2次印刷
定　　价：69.00元

产品编号：094309-01

序 言

2021年3月，我出版了《剪映教程：3天成为短视频与Vlog剪辑高手》这本书，图书刚一上市，首印就售罄了，此后每个月重印一次仍经常断货，并且多次在京东、当当等电商平台位列同类书畅销排行榜第一名。

这本书为什么这么火？据我的亲身体验，总结出以下三个原因：

一是剪映用户量大。目前抖音的日活用户已达6亿，而剪映作为抖音的官方标配剪辑软件，为6亿抖音用户"广而用之"。剪映在华为手机应用商店的下载安装量已达15亿次，在苹果手机的下载量达3亿次，加上小米、OPPO、vivo等其他品牌手机的下载量，剪映拥有超过20亿次的下载量。

二是剪映功能强大。剪映融合了众多剪辑类App的优势功能，又具有一些独特的新功能，操作简单且快捷，处理1GB容量以上的视频不卡顿且可以自动保存。

三是书中内容实用。作为剪映这款软件的第一批用户，我使用过多个版本，从测试版到正式版，从手机版到电脑版，其中电脑版还用了Mac版与Windows版，越用越喜欢，于是将自己多年的使用心得写出来。书中一共包括14个专题内容，87个干货实例，非常实用"接地气"，特别是介绍的许多效果都是抖音上的热门案例。

许多购书的读者都给我留言，提出能不能再出一本偏实战的案例教程。比如视频如何调色，特别是现在流行的"网红"颜色；如何将喜欢的静态照片做成动态视频相册，最好是配合卡点音乐富有节奏感的；怎么制作好看的文字字幕、匹配好听的音乐；如何使视频具有电影大片质感的片头和片尾；抖音上的热门同款视频怎么制作等。

另外，我在公众号"手机摄影构图大全"里，曾针对短视频剪辑写过一篇名为"10道题，你能得多少分？短视频剪辑技能测评"的文章，通过对许多摄友的调研，发现全部掌握这十大功能的人竟然很少！

基于以上两个原因，我静下心来，编写了这本《剪映教程Ⅱ：调色卡点＋字幕音乐＋片头片尾＋爆款模板》，本书选取了抖音上近期最新、最热的案例，以丰富大家的剪辑思路，帮助大家掌握更多剪映App中的热门功能。

剪映App不断在升级，作为剪映教程，也要随之不断更新，只有新的功能、新的案例、新的技巧，才能受到更多用户的欢迎。为此，本书将在三个方面体现"新"字。

一是功能新。剪映 App 的版本更新很快，页面更新也快，有些不实用的旧功能会被淘汰，每次也有新功能产生，比如最近很火的"希区柯克变焦"玩法和"智能抠像"功能。新功能的出现决定了书籍内容也要更新，这样用户才能学到更多新知识，掌握新的功能和玩法。

二是案例新。在互联网时代，产品的更新换代是非常快的，每一段时间都有流行的玩法，去年流行或者昨天流行的，今天可能就过时了。因此，本书选取的都是抖音和快手中最近、最新、最热的案例，以帮助用户产出新的热点短视频。

三是技巧新。虽说"条条大路通罗马"，但肯定也有最近、最好走的那一条。剪映 App 是一款新软件，在刚开始剪视频的时候，我们可能会走一些弯路，剪辑的方式可能会很烦琐，步骤也很多。经过探索后，我们会掌握新的剪辑方式，用最少的步骤做出最好的视频。新的技巧，让剪辑方式更加省时省力。

本书提供全部案例的素材文件、效果文件，以及同步视频讲解，扫描右侧二维码即可获取。读者也可直接扫描书中的"案例效果""教学视频"二维码观看，便于学习和运用。

视频资源

特别提示：本书在编写时，是基于当前剪映 App 截取的实际操作图片，但书从编辑到出版需要一段时间，在这段时间里，软件界面与功能也许会有调整和变化，比如有些功能被删除了，或者增加了一些新功能等，这些都是软件开发商做的软件更新。若图书出版后相关软件有更新，请以更新后的实际情况为准，根据书中的提示，举一反三进行操作即可。

在编写过程中，为本书提供视频素材和拍摄帮助的人员有邓陆英、向小红、燕羽、苏苏、巧慧、徐必文、黄建波及王甜康等人，在此表示感谢。由于作者水平所限，书中难免有疏漏之处，恳请广大读者批评、指正。

龙飞（构图君）
湖南省摄影家协会会员
湖南省青年摄影家协会会员
湖南省作家协会会员，畅销书作家
京东、千聊摄影直播讲师，湖南卫视摄影讲师

目 录

CONTENTS

第 1 章
剪映入门——新手必学

学前提示

　　本章为剪映 App 的入门知识，内容主要涉及导入和剪辑素材、变速操作、编辑素材、复制和替换素材、美颜长腿功能、智能抠像功能，以及改变视频帧率的内容。了解和学会这些操作，稳固好基础，可以帮助用户在之后的视频处理过程中更加得心应手。

001 导入素材，剪辑片段

【效果展示】：如果导入的视频太长，可以对素材进行剪辑处理，留下想要的片段。剪辑视频的效果如图 1-1 所示。

案例效果

教学视频

图 1-1　剪辑片段效果展示

下面介绍在剪映 App 中导入和剪辑视频的具体操作方法。

步骤 01 在剪映 App 主界面中，点击"开始创作"按钮，如图 1-2 所示。

步骤 02 进入"照片视频"界面，❶选择需要剪辑的视频素材；❷点击"添加"按钮，如图 1-3 所示。

图 1-2　点击"开始创作"按钮

图 1-3　添加视频素材

步骤 03 执行操作后，即可将视频素材导入剪映中，如图 1-4 所示。

步骤 04 ❶拖曳时间轴至视频 3s 的位置；❷选中视频轨道；❸点击"分割"按钮，如图 1-5 所示。

图 1-4　导入素材

图 1-5　分割视频素材

步骤 05 ❶选中后半段素材；❷点击"删除"按钮，如图 1-6 所示。

步骤 06 完成剪辑操作，效果如图 1-7 所示。

图 1-6　删除多余视频素材

图 1-7　完成剪辑操作

步骤 07 点击右上角的"导出"按钮，导出并播放视频。可以看到剪辑处理后的视频时长变短了，由 6s 变成了 3s 长的视频，效果如图 1-8 所示。

图 1-8　导出并播放视频

002　变速操作，调整时间

【效果展示】：视频播放的速度太快或者太慢时，可以对视频进行变速处理，还能更改视频的时间长度，效果如图 1-9 所示。

案例效果　　教学视频

图 1-9　调整时间效果展示

下面介绍在剪映 App 中对视频进行变速处理的具体操作方法。

步骤 01　在剪映 App 中导入一段视频素材，❶选中视频轨道；❷点击"变速"按钮，如图 1-10 所示。

步骤 02　在弹出的面板中，点击"常规变速"按钮，如图 1-11 所示。

图 1-10 点击"变速"按钮

图 1-11 点击"常规变速"按钮

步骤 03 在"变速"界面中，向右拖曳红色圆环至数值 2x，如图 1-12 所示。

步骤 04 点击"音频"按钮，添加背景音乐，如图 1-13 所示。

图 1-12 拖曳圆环

图 1-13 添加背景音乐

步骤 05 点击右上角的"导出"按钮，导出并播放视频。可以看到经过 2 倍速的变速处理后，视频播放速度变快了，视频时长也变短了，效果如图 1-14 所示。

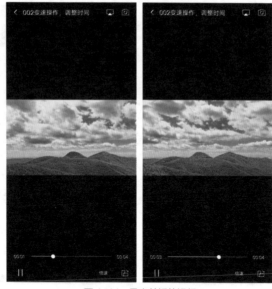

图 1-14　导出并播放视频

003　编辑素材，旋转镜像

【效果展示】：有时由于拍摄视频的角度不好，画面达不到想要的效果时，可以对视频进行旋转和镜像处理，调整画面角度，效果如图 1-15 所示。

案例效果

教学视频

图 1-15　旋转镜像效果展示

下面介绍在剪映 App 中编辑素材的具体操作方法。

步骤 01　在剪映 App 中导入一段视频素材，❶选中视频轨道；❷点击"编辑"按钮，如图 1-16 所示。

步骤 02　双击"旋转"按钮，如图 1-17 所示。

图 1-16　点击"编辑"按钮

图 1-17　双击"旋转"按钮

步骤 **03** 点击"镜像"按钮，如图 1-18 所示。

步骤 **04** 点击"音频"按钮，添加背景音乐，如图 1-19 所示。

图 1-18　点击"镜像"按钮

图 1-19　添加背景音乐

步骤 **05** 点击右上角的"导出"按钮，导出并播放视频。可以看到经过编辑处理过的视频，其画面角度被调正了，效果如图 1-20 所示。

图 1-20　导出并播放视频

004　复制替换，更改素材

【效果展示】：剪映 App 素材库中有很多自带的
视频素材，用户可以根据需要使用和替换这些素材，
效果如图 1-21 所示。

案例效果　　　教学视频

图 1-21　更改素材效果展示

下面介绍在剪映 App 中复制和替换素材的具体操作方法。

步骤 01　在剪映 App 中导入一段视频素材，❶选中视频轨道；❷点击"复制"按
钮，如图 1-22 所示。

步骤 02　点击"替换"按钮，替换复制出来的素材，如图 1-23 所示。

图 1-22 复制视频素材

图 1-23 点击"替换"按钮

步骤 03 点击"素材库"标签，如图 1-24 所示。

步骤 04 在"片尾"选项卡中选择一款素材，如图 1-25 所示。

图 1-24 点击"素材库"标签

图 1-25 选择片尾素材

步骤 05 点击"确认"按钮，如图 1-26 所示。

步骤 06 点击"音效"按钮，导入两段合适的音效，如图 1-27 所示。

图 1-26 点击"确认"按钮

图 1-27 导入两段音效

步骤 07 点击右上角的"导出"按钮，导出并播放视频。可以看到复制出来的素材已被替换成动画视频素材，视频也变得更有趣，效果如图 1-28 所示。

图 1-28 导出并播放视频

005 智能抠像，更换背景

【效果展示】：剪映 App 中的智能抠像功能十分方便，用户还可以给抠出来的图像更换背景，效果如图 1-29 所示。

案例效果

教学视频

图 1-29　更换背景效果展示

下面介绍在剪映 App 中更换视频背景的具体操作方法。

步骤 01 在剪映 App 中导入背景素材，点击"画中画"按钮，如图 1-30 所示。

步骤 02 点击"新增画中画"按钮，如图 1-31 所示。

图 1-30　点击"画中画"按钮　　　　图 1-31　点击"新增画中画"按钮

步骤 03 ❶在"照片视频"选项卡中选择要导入的视频素材；❷点击"添加"按钮，如图 1-32 所示。

步骤 04 在预览区中双指缩放并调整视频画面大小，使其铺满屏幕，如图 1-33 所示。

图 1-32　添加视频素材

图 1-33　调整画面大小

步骤 05 点击"智能抠像"按钮，如图 1-34 所示。

步骤 06 调整视频轨道的时长，对齐画中画轨道的时长，如图 1-35 所示。

图 1-34　点击"智能抠像"按钮

图 1-35　调整视频轨道时长

步骤 07 点击右上角的"导出"按钮，导出并播放视频。可以看到，经过智能抠像后，人物被抠离出原来的背景，移到了新的背景中，效果如图 1-36 所示。

图 1-36 导出并播放视频

006 一键美颜，瘦身长腿

【效果展示】：在剪映 App 中有美颜和长腿功能，经过处理，可以让视频中的人像更加美丽，效果如图 1-37 所示。

案例效果　　　　教学视频

下面介绍在剪映 App 中美颜和长腿的具体操作方法。

步骤 01 在剪映 App 中导入一段视频素材，❶选中视频轨道；❷点击"美颜"按钮，如图 1-38 所示。

步骤 02 进入"美颜"界面，❶点击"磨皮"按钮；❷向右拖曳滑块至数值 100，如图 1-39 所示。

图 1-37 美颜长腿效果展示

图 1-38　点击"美颜"按钮

图 1-39　向右拖曳滑块

步骤 03　❶点击"瘦脸"按钮；❷向右拖曳滑块至数值 100；❸点击✔按钮，如图 1-40 所示。

步骤 04　点击"长腿"按钮，进入"长腿"界面，向右拖曳滑块至数值35，如图 1-41 所示。

图 1-40　点击相应按钮

图 1-41　拖曳滑块

步骤 05 点击右上角的"导出"按钮，导出并播放视频。可以看到经过美颜和长腿处理后的人像，脸部变得更加精致，腿也变得更长了，效果如图 1-42 所示。

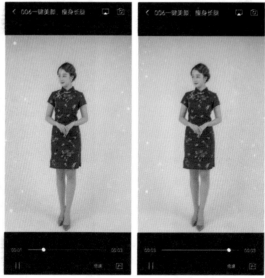

图 1-42 导出并播放视频

007 改变帧率，导出大片

【效果展示】：视频处理完成后，可以改变导出视频的帧率和分辨率，让视频画面更加高清、播放速度更加流畅，效果如图 1-43 所示。

案例效果

教学视频

图 1-43 改变帧率效果展示

下面介绍在剪映 App 中改变帧率的具体操作方法。

步骤 01 在剪映 App 中导入一段处理好的视频素材，点击 1080P 按钮，如图 1-44 所示。

步骤 02 在弹出的界面中，❶向右拖曳"分辨率"滑块，设置参数为 2k/4k；

❷向右拖曳"帧率"滑块，设置参数为 60，如图 1-45 所示。

图 1-44　点击"1080P"按钮

图 1-45　调整参数

步骤 03　点击右上角的"导出"按钮，导出并播放视频。可以看到视频画面变得更加高清，视频的播放速度也更为流畅，效果如图 1-46 所示。

图 1-46　导出并播放视频

第 2 章
调色技巧，别具一格

怎么在剪映 App 中调色，以及如何调出适合视频的色调呢？怎么让视频画面中的色彩与众不同，吸引观众的目光呢？本章将介绍几种有代表性的色调，包括清新靓丽的人像调色、蓝橙反差的夜景调色、梦幻古风的建筑调色、明艳唯美的植物调色、复古港风的街景调色、质感青橙的日系调色，以及色彩变换的渐变调色，帮助用户调出心仪的色调。

008 人像调色，清新靓丽

【效果展示】：当拍摄出来的人像视频画面比较灰暗时，可以在剪映 App 中调出清透的色调，让视频效果更加清新，效果如图 2-1 所示。

案例效果

教学视频

图 2-1　人像调色效果展示

下面介绍在剪映 App 中进行人像调色的具体操作方法。

步骤 01 在剪映 App 中导入一段视频素材，点击"滤镜"按钮，如图 2-2 所示。

步骤 02 进入"滤镜"界面，❶切换至"清新"选项卡；❷选择"鲜亮"滤镜；❸点击✓按钮，如图 2-3 所示。

图 2-2　点击"滤镜"按钮

图 2-3　选择"鲜亮"滤镜

步骤 03 点击按钮，返回上一级菜单，如图 2-4 所示。

步骤 04 点击"新增调节"按钮，如图 2-5 所示。

图 2-4　点击相应按钮　　　　图 2-5　点击"新增调节"按钮

步骤 05 进入"调节"界面，❶选择"亮度"选项；❷向右拖曳滑块至 10，如图 2-6 所示，提高画面亮度。

步骤 06 ❶选择"对比度"选项；❷向右拖曳滑块至 11，如图 2-7 所示，提高画面对比度。

步骤 07 ❶选择"饱和度"选项；❷向右拖曳滑块至 5，如图 2-8 所示，增强画面色彩。

步骤 08 ❶选择"光感"选项；❷向右拖曳滑块至 8，如图 2-9 所示，增加画面明度。

图 2-6　拖曳"亮度"滑块　图 2-7　拖曳"对比度"滑块

图 2-8 拖曳"饱和度"滑块 　　　　　图 2-9 拖曳"光感"滑块

步骤 09 ❶选择"高光"选项；❷向右拖曳滑块至 14，如图 2-10 所示，提高画面亮部参数。

步骤 10 ❶选择"色温"选项；❷向左拖曳滑块至 -10，如图 2-11 所示，使画面偏冷色系。

图 2-10 拖曳"高光"滑块 　　　　　图 2-11 拖曳"色温"滑块

步骤 11 ❶选择"色调"选项；❷向左拖曳滑块至 -6；❸点击✓按钮，如图 2-12 所示，微调画面色彩。

步骤 12 画面上显示了"鲜亮"滤镜轨道和调节轨道，如图 2-13 所示。

图 2-12　拖曳"色调"滑块

图 2-13　显示轨道

步骤 13 调整两条轨道的时长，使其与视频轨道一样长，如图 2-14 所示。

步骤 14 ❶拖曳时间轴至视频 8s 位置；❷点击"特效"按钮，如图 2-15 所示。

图 2-14　调整轨道时长

图 2-15　点击"特效"按钮

步骤 15 ❶切换至"基础"选项卡; ❷选择"闭幕Ⅱ"特效,如图2-16所示。

步骤 16 调整特效轨道的时长,对齐视频轨道的末尾位置,如图2-17所示。点击《按钮,返回上一级菜单。

图 2-16 选择"闭幕Ⅱ"特效

图 2-17 调整特效轨道时长

步骤 17 ❶拖曳时间轴至视频起始位置; ❷点击"新增特效"按钮,如图2-18所示。

步骤 18 在"热门"选项卡中,选择"录像带Ⅲ"特效,如图2-19所示。

步骤 19 点击"导出"按钮,预览视频前后的对比效果,如图2-20所示。

图 2-18 点击"新增特效"按钮 图 2-19 选择"录像带Ⅲ"特效

图 2-20　预览视频前后的对比效果

009　夜景调色，蓝橙反差

【效果展示】：因为灯光和环境暗度等因素，蓝橙反差的效果很适合夜景调色，这种调色能让视频的质感与色彩感的档次瞬间提升，如图 2-21 所示。

案例效果　　教学视频

图 2-21　夜景调色效果展示

下面介绍在剪映 App 中进行夜景调色的具体操作方法。

步骤 01 在剪映 App 中导入一段视频素材，点击"滤镜"按钮，如图 2-22 所示。

步骤 02 进入"滤镜"界面，❶在"精选"选项卡中选择 U2 滤镜；❷设置强度参数为 70；❸点击✔按钮，如图 2-23 所示。

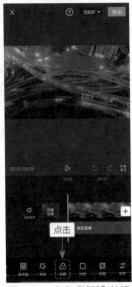

图 2-22　点击"滤镜"按钮

图 2-23　选择并设置滤镜

步骤 03　点击◀按钮，返回上一级菜单，如图 2-24 所示。

步骤 04　点击"新增滤镜"按钮，如图 2-25 所示。

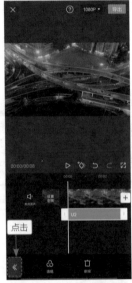

图 2-24　点击按钮返回

图 2-25　点击"新增滤镜"按钮

步骤 05　❶在"精选"选项卡中，选择"普林斯顿"滤镜；❷设置强度参数为70，如图 2-26 所示。

步骤 06 ❶继续添加"德古拉"滤镜；❷设置强度参数为 60，如图 2-27 所示。

图 2-26　选择"普林斯顿"滤镜

图 2-27　添加"德古拉"滤镜

步骤 07 点击 按钮，返回上一级菜单，点击"新增调节"按钮，如图 2-28 所示。

步骤 08 进入"调节"界面，❶选择"对比度"选项；❷向右拖曳滑块至 18，如图 2-29 所示，提高画面的色彩对比度。

图 2-28　点击"新增调节"按钮

图 2-29　拖曳"对比度"滑块

步骤 09 ❶选择"色温"选项；❷向左拖曳滑块至 -18，如图 2-30 所示，提高画面的蓝色效果。

步骤 10 ❶选择"色调"选项；❷向右拖曳滑块至 50，如图 2-31 所示，深化画面中的蓝色效果。

步骤 11 ❶选择"饱和度"选项；❷向右拖曳滑块至 50；❸点击 ✓ 按钮，如图 2-32 所示，提高蓝色和橙色的饱和度。

步骤 12 调整三条滤镜轨道和调节轨道的时长，使其与视频轨道一样长，如图 2-33 所示。

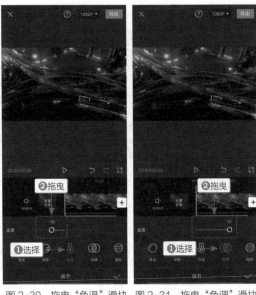

图 2-30 拖曳"色温"滑块　　图 2-31 拖曳"色调"滑块

图 2-32 拖曳"饱和度"滑块

图 2-33 调整轨道时长

步骤 13 添加合适的背景音乐后，点击"文字"按钮，如图 2-34 所示。

步骤 14 ❶在弹出的面板中，点击"识别歌词"按钮；❷点击"开始识别"按钮，如图 2-35 所示。

图 2-34　点击"文字"按钮

图 2-35　点击"识别歌词"按钮

步骤 15 对识别出来的文字进行加工，并设置"字间距"为 12，如图 2-36 所示。

步骤 16 最后为所有文字添加"模糊"入场动画，并设置动画时长为 2s，如图 2-37 所示。

图 2-36　设置"字间距"

图 2-37　添加"模糊"动画

步骤 17 点击"导出"按钮，预览视频前后的对比效果，如图 2-38 所示。

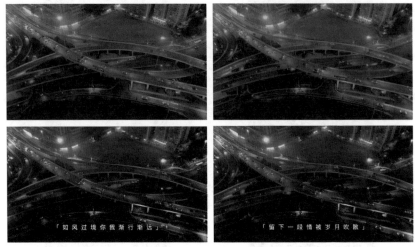

图 2-38　预览视频前后的对比效果

010　建筑调色，梦幻古风

【效果展示】：古建筑类的视频比较适合梦幻古风的色调，这个色调能让暗淡的建筑变得明亮，如同仙侠电视剧里的建筑一般，如图 2-39 所示。

案例效果　　教学视频

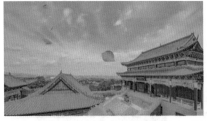

图 2-39　建筑调色效果展示

下面介绍在剪映 App 中进行建筑调色的具体操作方法。

步骤 01 在剪映 App 中导入一段视频素材，点击"滤镜"按钮，如图 2-40 所示。

步骤 02 进入"滤镜"界面，❶在"风景"选项卡中选择"橘光"滤镜；❷设置强度参数为 60；❸点击✓按钮，如图 2-41 所示。

步骤 03 点击《按钮，返回上一级菜单，如图 2-42 所示。

步骤 04 点击"新增调节"按钮，如图 2-43 所示。

图 2-40 点击 "滤镜" 按钮

图 2-41 选择 "橘光" 滤镜

图 2-42 点击按钮返回

图 2-43 点击 "新增调节" 按钮

步骤 05 进入 "调节" 界面, ❶选择 "亮度" 选项; ❷向右拖曳滑块至 6, 如图 2-44 所示, 提高画面的亮度。

步骤 06 ❶选择 "对比度" 选项; ❷向右拖曳滑块至 15, 如图 2-45 所示, 提高画面的色彩对比度。

图 2-44　拖曳 "亮度" 滑块

图 2-45　拖曳 "对比度" 滑块

步骤 07 ❶选择 "饱和度" 选项；❷向右拖曳滑块至 10，如图 2-46 所示，增加画面色彩饱和度。

步骤 08 ❶选择 "光感" 选项；❷向右拖曳滑块至 7，如图 2-47 所示，提高画面明度。

图 2-46　拖曳 "饱和度" 滑块

图 2-47　拖曳 "光感" 滑块

步骤 **09** ❶选择"锐化"选项；❷向右拖曳滑块至25，如图2-48所示，提高画面的清晰度。

步骤 **10** ❶选择"色温"选项；❷向左拖曳滑块至-15，如图2-49所示，微调画面的暖色调。

步骤 **11** ❶选择"色调"选项；❷向右拖曳滑块至10；❸点击✓按钮，如图2-50所示，使画面色彩更加明艳。

步骤 **12** 调整滤镜轨道和调节轨道的时长，使其与视频轨道一样长，如图2-51所示。

图2-48 拖曳"锐化"滑块 　图2-49 拖曳"色温"滑块

图2-50 拖曳"色调"滑块 　图2-51 调整轨道时长

步骤 **13** 点击"特效"按钮，❶在"自然"选项卡中选择"落叶"特效；❷点击✓按钮确认操作，如图2-52所示。

步骤 **14** 点击"新增特效"按钮，如图2-53所示。

图 2-52　选择"落叶"特效

图 2-53　点击"新增特效"按钮

步骤 15　❶在"自然"选项卡中选择"落樱"特效；❷点击✓按钮确认操作，如图 2-54 所示。

步骤 16　调整两条特效轨道的时长，使其与视频轨道一样长，如图 2-55 所示。

图 2-54　选择"落樱"特效

图 2-55　调整轨道时长

步骤 17 点击"导出"按钮，预览视频前后的对比效果，如图 2-56 所示。

图 2-56　预览视频前后的对比效果

O11　植物调色，明艳唯美

【效果展示】：当拍出来的植物风光视频光线效果不好时，可以使用剪映 App 中的调色功能对植物进行调色，让视频画质更加清晰，色彩也更加明艳唯美，效果如图 2-57 所示。

案例效果　　　教学视频

下面介绍在剪映 App 中进行植物调色的具体操作方法。

步骤 01 在剪映 App 中导入一段视频素材，点击"滤镜"按钮，如图 2-58 所示。

步骤 02 进入"滤镜"界面，❶在"风景"选项卡中选择"绿妍"滤镜；❷设置强度参数为 50；❸点击☑按钮，如图 2-59 所示。

图 2-57　植物调色效果展示

图 2-58　点击"滤镜"按钮

图 2-59　选择"绿研"滤镜

步骤 03 ▶ 点击 按钮，返回上一级菜单，如图 2-60 所示。

步骤 04 ▶ 点击"新增调节"按钮，如图 2-61 所示。

图 2-60　点击按钮返回

图 2-61　点击"新增调节"按钮

步骤 05 ▶ 进入"调节"界面，❶选择"亮度"选项；❷向左拖曳滑块至 –10，如图 2-62 所示，降低画面的亮度。

步骤 06 ❶选择"对比度"选项；❷向右拖曳滑块至10，如图 2-63 所示，提高画面的色彩对比度。

步骤 07 ❶选择"饱和度"选项；❷向右拖曳滑块至10，如图 2-64 所示，增加画面的色彩饱和度。

步骤 08 ❶选择"光感"选项；❷向右拖曳滑块至15，如图 2-65 所示，提高画面明度。

图 2-62 拖曳"亮度"滑块　图 2-63 拖曳"对比度"滑块

图 2-64 拖曳"饱和度"滑块

图 2-65 拖曳"光感"滑块

步骤 09 ❶选择"锐化"选项；❷向右拖曳滑块至 20，如图 2-66 所示，提高画面的清晰度。

步骤 10 ❶选择"色温"选项；❷向左拖曳滑块至 -10，如图 2-67 所示，使画面偏绿。

图 2-66　拖曳"锐化"滑块

图 2-67　拖曳"色温"滑块

步骤 11 ❶选择"色调"选项；❷向右拖曳滑块至 10；❸点击✅按钮，如图 2-68 所示，使画面色彩更加明艳。

步骤 12 调整滤镜轨道和调节轨道的时长，使其与视频轨道一样长，如图 2-69 所示。

图 2-68　拖曳"色调"滑块

图 2-69　调整轨道时长

步骤 **13** 点击"贴纸"
按钮，❶在 🔲 选项卡
中选择"春日来信"
贴纸并调整其位置和
大小；❷点击 ✅ 按钮
确认操作，如图 2-70
所示。

步骤 **14** 点击"添加
贴纸"按钮，如图 2-71
所示。

图 2-70　选择相应特效　　　图 2-71　点击"添加贴纸"按钮

步骤 **15** ❶添加一款"炸开"贴纸并调整其位置和大小；❷调整两条贴纸轨道的
时长，如图 2-72 所示。

步骤 **16** 最后添加合适的背景音乐，如图 2-73 所示。

图 2-72　添加"炸开"贴纸　　　图 2-73　添加背景音乐

步骤 **17** 点击"导出"按钮，预览视频前后的对比效果，如图 2-74 所示。

图 2-74　预览视频前后的对比效果

012　街景调色，复古港风

【效果展示】：如果想在街景视频中调出复古港风色调，可以在剪映 App 中运用牛油果黄色卡进行调色，增加视频的黄色底色，效果如图 2-75 所示。

案例效果　　教学视频

图 2-75　街景调色效果展示

下面介绍在剪映 App 中进行街景调色的具体操作方法。

步骤 **01** 在剪映 App 中导入一段视频素材，点击"画中画"按钮，如图 2-76 所示。

步骤 02 点击"新增画中画"按钮，如图 2-77 所示。

图 2-76 点击"画中画"按钮

图 2-77 点击"新增画中画"按钮

步骤 03 导入一张牛油果黄色卡照片素材，调整其画面大小和轨道时长后，点击"混合模式"按钮，如图 2-78 所示。

步骤 04 选择"柔光"选项，如图 2-79 所示。

图 2-78 点击"混合模式"按钮

图 2-79 选择"柔光"选项

步骤 05 ❶选择视频轨道；❷点击"滤镜"按钮，如图 2-80 所示。

步骤 06 ❶在"电影"选项卡中选择"月升王国"滤镜；❷设置强度参数为60；❸点击✅按钮，返回上一级菜单，如图 2-81 所示。

图 2-80 点击"滤镜"按钮　　　图 2-81 选择滤镜

步骤 07 点击"调节"按钮，❶选择"光感"选项；❷向右拖曳滑块至 17，如图 2-82 所示，提高画面明度。

步骤 08 ❶选择"锐化"选项；❷向右拖曳滑块至 22，如图 2-83 所示，提高画面的清晰度。

图 2-82 拖曳"光感"滑块

图 2-83 拖曳"锐化"滑块

步骤 **09** ❶选择"色温"选项；❷向右拖曳滑块至15，如图 2-84 所示，微调画面的黄色调。

步骤 **10** ❶选择"色调"选项；❷向左拖曳滑块至 -22，如图 2-85 所示，使画面偏黄。

图 2-84　拖曳"色温"滑块　图 2-85　拖曳"色调"滑块

步骤 **11** ❶选择"颗粒"选项；❷向右拖曳滑块至 13，如图 2-86 所示，提高画面质感。

步骤 **12** ❶选择"褪色"选项；❷向右拖曳滑块至 10，如图 2-87 所示，增加画面的复古感。

图 2-86　拖曳"颗粒"滑块

图 2-87　拖曳"褪色"滑块

步骤 **13** 点击"导出"按钮，预览视频前后的对比效果，如图 2-88 所示。

图 2-88　预览视频前后的对比效果

013 日系调色，质感青橙

【效果展示】：青橙色调是日系调色中最常见的一种类型，很适合用来调节风光照片的色彩，同时它也是一款让人心旷神怡的色调，效果如图 2-89 所示。

案例效果　　教学视频

图 2-89　日系调色效果展示

下面介绍在剪映 App 中进行日系调色的具体操作方法。

步骤 **01** 在剪映 App 中导入一段视频素材，点击"滤镜"按钮，如图 2-90 所示。

步骤 **02** 进入"滤镜"界面，❶ 在"风景"选项卡中选择"古都"滤镜；❷ 点击 ✅ 按钮，如图 2-91 所示。

步骤 **03** 点击 ⟨ 按钮，返回上一级菜单，如图 2-92 所示。

步骤 **04** 点击"新增滤镜"按钮，如图 2-93 所示。

图 2-90　点击"滤镜"按钮

图 2-91　选择"古都"滤镜

图 2-92　点击按钮返回

图 2-93　点击"新增滤镜"按钮

步骤 05　❶在"电影"选项卡中选择"春光乍泄"滤镜；❷设置强度为 40；
❸点击 ✓ 按钮，如图 2-94 所示。

步骤 06　点击 《 按钮，返回上一级菜单，点击"新增调节"按钮，如图 2-95
所示。

图 2-94　选择"春光乍泄"滤镜　　　　图 2-95　点击"新增调节"按钮

步骤 07 进入"调节"界面，❶选择"对比度"选项；❷向右拖曳滑块至 10，如图 2-96 所示，提高画面色彩对比度。

步骤 08 ❶选择"锐化"选项；❷向右拖曳滑块至 30，如图 2-97 所示，提高画面的清晰度。

图 2-96　拖曳"对比度"滑块　　　　图 2-97　拖曳"锐化"滑块

步骤 **09** ❶选择"色温"选项；❷向左拖曳滑块至 –20，如图 2-98 所示，增加画面冷色调。

步骤 **10** ❶选择"色调"选项；❷向左拖曳滑块至 –50，如图 2-99 所示，使画面色彩更加偏青色和偏橙色。

图 2-98　拖曳"色温"滑块

图 2-99　拖曳"色调"滑块

步骤 **11** 调整两条滤镜轨道和调节轨道的时长，使其与视频轨道一样长，如图 2-100 所示。

步骤 **12** 最后为视频添加合适的背景音乐，如图 2-101 所示。

步骤 **13** 点击"导出"按钮，预览视频前后的对比效果，如图 2-102 所示。

图 2-100　调整轨道时长

图 2-101　添加背景音乐

图2-102　预览视频前后的对比效果

014　渐变调色，色彩变换

【效果展示】：运用关键帧功能可以制作视频色调渐变的效果，画面非常神奇和有趣，效果如图2-103所示。

案例效果

教学视频

图2-103　渐变调色效果展示

下面介绍在剪映App中进行渐变调色的具体操作方法。

步骤01　在剪映App中导入一段视频素材，❶选中视频轨道；❷点击◇按钮添加关键帧，如图2-104所示。

步骤02　❶拖曳时间轴至视频末尾处；❷点击◇按钮添加关键帧；❸点击"滤镜"按钮，如图2-105所示。

步骤03　❶在"风格化"选项卡中选择"赛博朋克"滤镜；❷点击✓按钮，如图2-106所示。

步骤 04　点击"调节"按钮，如图 2-107 所示。

图 2-104　添加关键帧

图 2-105　点击"滤镜"按钮

图 2-106　选择"赛博朋克"滤镜

图 2-107　点击"调节"按钮

步骤 05　进入"调节"界面，❶选择"饱和度"选项；❷向左拖曳滑块至 -10，如图 2-108 所示，降低画面色彩饱和度。

步骤 06 ❶选择"光感"选项；❷向左拖曳滑块至 -7，如图 2-109 所示，微微降低画面明度。

图 2-108 拖曳"饱和度"滑块　　　　　　　　图 2-109 拖曳"光感"滑块

步骤 07 ❶选择"色温"选项；❷向左拖曳滑块至 -15，如图 2-110 所示，增加画面的紫色调。

步骤 08 ❶选择"色调"选项；❷向右拖曳滑块至 20，如图 2-111 所示，微调画面色彩。

图 2-110 拖曳"色温"滑块　　　　　　　　图 2-111 拖曳"色调"滑块

步骤 09 ❶选择"颗粒"选项；❷向右拖曳滑块至 8；❸点击✔按钮，如图 2-112 所示，增加画面质感。

步骤 10 ❶拖曳时间轴至视频起始位置；❷点击"滤镜"按钮，如图 2-113 所示。

图 2-112 拖曳"颗粒"滑块

图 2-113 点击"滤镜"按钮

步骤 11 ❶在"滤镜"界面中，设置强度为 0；❷点击✔按钮确认操作，如图 2-114 所示。

步骤 12 最后为视频添加合适的背景音乐，如图 2-115 所示。

图 2-114 设置强度

图 2-115 添加背景音乐

步骤 13 点击"导出"按钮，预览视频前后的对比效果，如图 2-116 所示。

图 2-116　预览视频前后的对比效果

第 3 章
变速卡点，玩转剪映

学前提示

　　想要短视频脱颖而出，学会变速和卡点是必不可少的。只要掌握了变速技巧，不仅能用照片卡点，各种视频也能卡点。本章主要介绍 3D 卡点、录像卡点、照片卡点、汽车卡点、抽帧卡点、变速卡点及曲线卡点，帮助用户掌握变速卡点技巧，学会卡点要领，从而玩转剪映。

015　3D卡点，立体变焦

【效果展示】：3D 卡点也叫"希区柯克"卡点，是最近很火的一款视频效果，能让照片中的人物在背景变焦中动起来，视频效果非常立体，如图 3-1 所示。

案例效果　　教学视频

图 3-1　3D 卡点效果展示

下面介绍在剪映 App 中制作 3D 卡点视频的具体操作方法。

步骤 01 在剪映 App 中导入四张照片素材，点击"音频"按钮，如图 3-2 所示。

步骤 02 添加合适的卡点音乐，❶选择音频轨道；❷点击"踩点"按钮，如图 3-3 所示。

图 3-2　点击"音频"按钮

图 3-3　点击"踩点"按钮

步骤 03 ❶点击"自动踩点"按钮；❷选择"踩节拍 I"选项，如图 3-4 所示。

步骤 04 调整每段素材的时长，对齐每两个小黄点内的时长，如图 3-5 所示。

图 3-4　选择相应选项

图 3-5　调整每段素材的时长

步骤 05　❶选择第一段素材；❷点击"玩法"按钮，如图 3-6 所示。

步骤 06　进入"玩法"界面，选择"3D 照片"选项，如图 3-7 所示，并为剩下的三段素材添加同样的玩法效果。

图 3-6　点击"玩法"按钮

图 3-7　选择相应选项

步骤 07　点击"导出"按钮，导出并播放视频，如图 3-8 所示。

图 3-8　导出并播放视频

016　录像卡点，画面再现

【效果展示】：录像卡点就是像录像机一样地定格切换画面，产生一种拍照录像现场画面再现的感觉，效果如图 3-9 所示。

案例效果　　教学视频

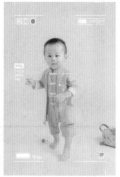

图 3-9　录像卡点效果展示

下面介绍在剪映 App 中制作录像卡点视频的具体操作方法。

步骤 01　在剪映 App 中导入四张照片素材，点击"音频"按钮，如图 3-10 所示。

步骤 02　添加合适的卡点音乐，❶选择音频轨道；❷点击"踩点"按钮，如图 3-11 所示。

图 3-10　点击"音频"按钮

图 3-11　点击"踩点"按钮

步骤 03 ❶点击"自动踩点"按钮；❷选择"踩节拍 I"选项，如图 3-12 所示。

步骤 04 调整每段素材的时长，对齐每两个小黄点内的时长，如图 3-13 所示。

图 3-12　选择踩点节拍

图 3-13　调整每段素材的时长

步骤 05 回到主界面，❶拖曳时间轴至视频起始位置；❷点击"特效"按钮，如图 3-14 所示。

步骤 06 ❶切换至"基础"选项卡；❷选择"变清晰"特效，如图 3-15 所示。

图 3-14　点击"特效"按钮　　　　　　图 3-15　选择"变清晰"特效

步骤 07 ❶调整特效轨道时长，对齐第一段素材的时长；❷点击"复制"按钮，如图 3-16 所示。

步骤 08 调整复制特效的轨道时长，对齐第二段素材的时长，如图 3-17 所示。

图 3-16　点击"复制"按钮　　　　　　图 3-17　调整特效轨道时长

步骤 09 用同样的方法，为后面的视频添加特效，如图 3-18 所示。

步骤 10 点击《按钮返回，❶拖曳时间轴至视频起始位置；❷点击"新增特效"按钮，如图 3-19 所示。

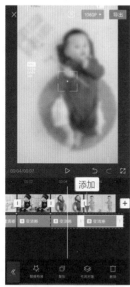

图 3-18　继续添加特效

图 3-19　点击"新增特效"按钮

步骤 11 ❶切换至"边框"选项卡；❷选择"录制边框 II"特效，如图 3-20 所示。

步骤 12 调整"录制边框 II"特效的轨道时长，使其与视频轨道一样长，如图 3-21 所示。

步骤 13 点击"导出"按钮，导出并播放视频，如图 3-22 所示。

图 3-20　选择边框特效

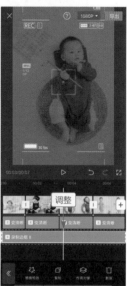

图 3-21　调整轨道时长

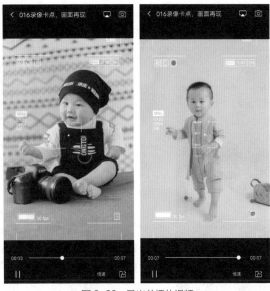

图 3-22 导出并播放视频

017 照片卡点，更有张力

【效果展示】：照片卡点的诀窍在于对卡点音乐的把握，以及添加相应的动画和特效，让照片切换更有张力，效果如图 3-23 所示。

案例效果　　教学视频

图 3-23 照片卡点效果展示

下面介绍在剪映 App 中制作照片卡点视频的具体操作方法。

步骤 01 在剪映 App 中导入一张照片素材，添加卡点音乐，❶选择音频轨道；❷点击"踩点"按钮，如图 3-24 所示。

步骤 02 点击 +添加点 按钮，根据音乐节奏，手动添加五个小黄点，如图 3-25 所示。

图 3-24　点击"踩点"按钮

图 3-25　手动踩点

步骤 03 ❶调整视频轨道中素材的时长，对齐第四个小黄点；❷点击"比例"按钮，如图 3-26 所示。

步骤 04 选择 9 ∶ 16 选项，如图 3-27 所示。

图 3-26　点击"比例"按钮

图 3-27　选择图片比例

步骤 05 回到主界面，❶拖曳时间轴至视频起始位置；❷依次点击"画中画"按钮和"新增画中画"按钮，如图 3-28 所示。

步骤 06 添加第二段素材，并调整其轨道时长，对齐第二个至第四个小黄点内的范围，如图 3-29 所示。

图 3-28 点击"画中画"按钮

图 3-29 添加第二段素材并调整

步骤 07 用同样的方法，再添加第三段素材，并调整其轨道时长，对齐第三个至第四个小黄点内的范围，如图 3-30 所示。最后调整三段素材在画面中的位置。

步骤 08 ❶拖曳时间轴至视频末尾位置；❷点击⊞按钮添加两段素材，如图 3-31 所示。

步骤 09 根据小黄点的位置，调整这两段素材的轨道时长，如图 3-32 所示。

步骤 10 ❶拖曳时间轴至视频轨道第二段素材起始

图 3-30 添加第三段素材并调整 图 3-31 添加两段素材

位置；❷点击"背景"按钮，如图 3-33 所示。

图 3-32　调整轨道时长

图 3-33　点击"背景"按钮

步骤 11 点击"画布模糊"按钮，如图 3-34 所示。

步骤 12 依次为后面两段素材都添加"画布模糊"界面中的第二个样式，如图 3-35 所示。

图 3-34　点击"画布模糊"按钮

图 3-35　添加样式

步骤 **13** ❶选择视频轨道中的第一段素材;❷点击"动画"按钮,如图 3-36 所示。

步骤 **14** 点击"入场动画"按钮,如图 3-37 所示。

图 3-36 点击"动画"按钮　　　　　　图 3-37 点击"入场动画"按钮

步骤 **15** 选择"向右甩入"动画,如图 3-38 所示,并为第一个画中画轨道和第二个画中画轨道中的素材都添加同样的动画效果。

步骤 **16** 为视频轨道中的第二段素材添加"缩放"组合动画,如图 3-39 所示。

图 3-38 选择"向右甩入"动画效果　　　图 3-39 添加"缩放"动画效果

步骤 17 为视频轨道中的第三段素材添加"缩放 II"组合动画，如图 3-40 所示。

步骤 18 为视频轨道中的第三段素材添加"冲击波"和"彩虹射线"特效，如图 3-41 所示。

图 3-40 添加"缩放 II"动画效果

图 3-41 添加特效

步骤 19 点击"导出"按钮，导出并播放视频，如图 3-42 所示。

图 3-42 导出并播放视频

018 汽车卡点，变速变色

【效果展示】：汽车卡点的视频素材可以截取行车记录仪中的一段，在变速处理后加上不同的滤镜，就能做到变速变色卡点的效果，如图 3-43 所示。

案例效果

教学视频

图 3-43　汽车卡点效果展示

下面介绍在剪映 App 中制作汽车卡点视频的具体操作方法。

步骤 01 在剪映 App 中导入一段视频素材，添加卡点音乐，❶选择音频轨道；❷点击"踩点"按钮，如图 3-44 所示。

步骤 02 ❶点击"自动踩点"按钮；❷选择"踩节拍 II"选项；❸点击✔按钮确认操作，如图 3-45 所示。

图 3-44　点击"踩点"按钮　　　　图 3-45　自动踩点

步骤 03 ❶选择视频轨道；❷拖曳时间轴至第三个小黄点的位置；❸点击"分割"按钮，如图 3-46 所示。

步骤 04 ❶选择视频轨道中的后半部分素材；❷依次点击"变速"按钮和"常规变速"按钮，如图 3-47 所示。

图 3-46 点击"分割"按钮

图 3-47 点击"变速"按钮

步骤 05 ❶拖曳滑块设置变速参数为 2x；❷点击✓按钮，如图 3-48 所示。

步骤 06 ❶拖曳时间轴至第四个小黄点的位置；❷点击"分割"按钮，如图 3-49 所示。

图 3-48 点击相应按钮

图 3-49 点击"分割"按钮

步骤 07 ▶ 为视频轨道中第三段素材设置 0.5x 常规变速参数，如图 3-50 所示。

步骤 08 ▶ 对后面的素材重复设置 2x 和 0.5x 的变速操作，然后调整音频轨道的时长，使其与视频轨道一样长，如图 3-51 所示。

图 3-50　设置常规变速参数

图 3-51　调整音频轨道时长

步骤 09 ▶ ❶选择 2x 变速的素材；❷点击"滤镜"按钮，如图 3-52 所示。

步骤 10 ▶ ❶切换至"清新"选项卡；❷选择"鲜亮"滤镜，如图 3-53 所示。

图 3-52　点击"滤镜"按钮

图 3-53　选择"鲜亮"滤镜

步骤 11 ❶选择 0.5x 变速的素材；❷点击"滤镜"按钮，如图 3-54 所示。

步骤 12 ❶切换至"风格化"选项卡；❷选择"江浙沪"滤镜，如图 3-55 所示。

步骤 13 用同样的方法，对后面的素材进行操作。

图 3-54　点击"滤镜"按钮

图 3-55　选择"江浙沪"滤镜

步骤 14 点击"导出"按钮，导出并播放视频，如图 3-56 所示。

图 3-56　导出并播放视频

019 抽帧卡点，切合鼓点

【效果展示】：抽帧卡点的制作方法是根据音乐节奏有规律地删除视频片段，也就是抽掉一些视频帧，从而达到卡点的效果，如图 3-57 所示。

案例效果

教学视频

图 3-57　抽帧卡点效果展示

下面介绍在剪映 App 中制作抽帧卡点视频的具体操作方法。

步骤 01 在剪映 App 中导入一段视频素材，点击"音频"按钮，如图 3-58 所示。

步骤 02 添加卡点音乐后，❶选择音频轨道；❷点击"踩点"按钮，如图 3-59 所示。

图 3-58　点击"音频"按钮　　　　图 3-59　点击"踩点"按钮

步骤 03 ❶点击"自动踩点"按钮；❷选择"踩节拍 II"选项；❸点击✓按钮确认操作，如图 3-60 所示。

步骤 **04** ❶选择视频轨道；❷拖曳时间轴至第一个小黄点的位置；❸点击"分割"
按钮，如图 3-61 所示。

图 3-60　选择踩点节拍

图 3-61　分割第一段素材

步骤 **05** ❶拖曳时间轴至第二个小黄点的位置；❷点击"分割"按钮，如图 3-62
所示。

步骤 **06** ❶选中分割出来的素材；❷点击"删除"按钮，如图 3-63 所示。

图 3-62　点击"分割"按钮

图 3-63　删除第一段素材

步骤 07 ❶选择视频轨道的后半段素材；❷拖曳时间轴至第二个小黄点的位置；❸点击"分割"按钮，如图 3-64 所示。

步骤 08 ❶拖曳时间轴至第三个小黄点的位置；❷点击"分割"按钮，如图 3-65 所示。

步骤 09 ❶选中分割出来的素材；❷点击"删除"按钮，如图 3-66 所示。

步骤 10 重复上面的操作，直至视频结尾位置。最后删除多余的音频，如图 3-67 所示。

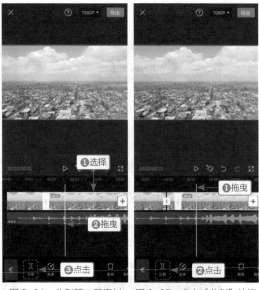

图 3-64 分割第二段素材　　图 3-65 点击"分割"按钮

图 3-66 删除第二段素材

图 3-67 删除多余音频

步骤 11 完成删除操作后，❶选中保留在视频轨道中的第一段素材；❷点击"滤镜"按钮，如图 3-68 所示。

步骤 **12** ❶切换至"风景"选项卡；❷选择"橘光"滤镜；❸拖曳滑块设置参数为 80；❹点击"应用到全部"按钮，如图 3-69 所示。

图 3-68　点击"滤镜"按钮　　　　图 3-69　选择滤镜并设置参数

步骤 **13** 点击"导出"按钮，导出并播放视频，如图 3-70 所示。

图 3-70　导出并播放视频

020 变速卡点，一快一慢

【效果展示】：坡度变速卡点的重点在于把握音乐节奏，然后进行变速处理，让视频播放速度跟着音乐节奏一快一慢，效果如图 3-71 所示。

案例效果

教学视频

图 3-71　变速卡点效果展示

下面介绍在剪映 App 中制作变速卡点视频的具体操作方法。

步骤 01 在剪映 App 中导入一段视频素材，❶选择视频轨道；❷依次点击"变速"按钮和"常规变速"按钮，如图 3-72 所示。

步骤 02 ❶拖曳滑块设置变速参数为 0.5x；❷点击"导出"按钮，如图 3-73 所示。

图 3-72　点击"变速"按钮

图 3-73　设置变速参数

步骤 03 导入上一步导出的视频素材，添加卡点音乐，❶选择音频轨道；❷点击"踩点"按钮，如图 3-74 所示。

步骤 04 点击 +添加点 按钮，根据音乐节奏的起伏，手动添加小黄点，如图 3-75 所示。

图 3-74　点击"踩点"按钮

图 3-75　手动踩点

步骤 05 ❶选择视频轨道；❷拖曳时间轴至视频 6s 的位置；❸点击"分割"按钮，如图 3-76 所示。

步骤 06 ❶选择视频轨道中的前半部分视频素材；❷在其中依次点击"变速"按钮和"常规变速"按钮，如图 3-77 所示。

图 3-76　分割视频素材

图 3-77　点击"变速"按钮

步骤 07 ❶拖曳滑块设置变速参数为 5x；❷点击✅按钮确认操作，如图 3-78 所示。

步骤 08 ❶拖曳时间轴至第二个小黄点的位置；❷点击"分割"按钮，如图 3-79 所示。

步骤 09 ❶选择视频轨道中第三段素材；❷拖曳时间轴至视频 8s 的位置；❸点击"分割"按钮，如图 3-80 所示。

步骤 10 ❶选择视频轨道中刚才分割出的前半部分素材；❷依次点击"变速"

图 3-78　设置变速参数　　图 3-79　点击"分割"按钮

按钮和"常规变速"按钮，如图 3-81 所示。

图 3-80　继续分割视频素材

图 3-81　点击"变速"按钮

步骤 11 ❶拖曳滑块，设置变速参数为 5x；❷点击✅按钮，如图 3-82 所示。

步骤 **12** 重复上面同样的操作，直至音乐轨道末尾位置，最后删除多余的视频，如图 3-83 所示。

图 3-82 设置变速参数

图 3-83 删除多余的视频

步骤 **13** 点击"导出"按钮，导出并播放视频，如图 3-84 所示。

图 3-84 导出并播放视频

021 曲线卡点，别样海景

【效果展示】：曲线变速卡点在于对音乐节奏的把握，以及设置合适的变速点，从而达到曲线卡点的效果，如图 3-85 所示。

案例效果　　教学视频

图 3-85　曲线卡点效果展示

下面介绍在剪映 App 中制作曲线卡点视频的具体操作方法。

步骤 01　在剪映 App 中导入四段视频素材，添加合适的卡点音乐，❶选择音频轨道；❷点击"踩点"按钮，如图 3-86 所示。

步骤 02　点击 ╋添加点 按钮，根据音乐节奏，手动添加三个小黄点，如图 3-87 所示。

图 3-86　点击"踩点"按钮

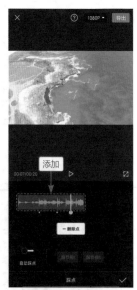

图 3-87　手动踩点

步骤 03　❶选择视频轨道中的第一段素材；❷点击"变速"按钮，如图 3-88 所示。

步骤 04　在弹出的面板中，点击"曲线变速"按钮，如图 3-89 所示。

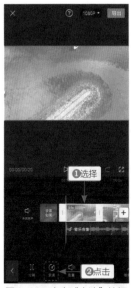

图 3-88 点击"变速"按钮

图 3-89 点击"曲线变速"按钮

步骤 05 ❶选择"自定"选项；❷点击"点击编辑"按钮，如图 3-90 所示。

步骤 06 在"自定"界面中拖曳前面两个变速点，设置速度为 10x，如图 3-91 所示。

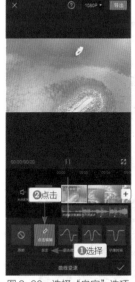

图 3-90 选择"自定"选项

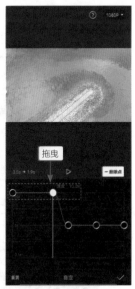

图 3-91 设置速度

步骤 07 ❶在"自定"界面中拖曳后面三个变速点，设置速度为 0.5x；❷点击

✓按钮，如图 3-92 所示。

步骤 08 用同样的方法，为后面三段素材进行同样的变速操作。最后根据小黄点的位置，调整视频轨道中每段素材的时长，如图 3-93 所示。

图 3-92 设置速度为 0.5x

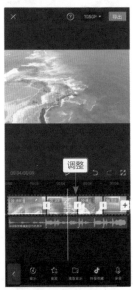
图 3-93 调整素材时长

步骤 09 点击"导出"按钮，导出并播放视频，如图 3-94 所示。

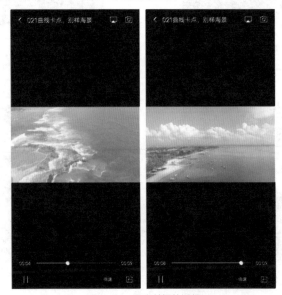
图 3-94 导出并播放视频

26 °C

ngsha/Summer

Be happy

第 4 章

个性字幕，丰富多彩

学前提示

　　为视频添加合适的文字和贴纸、为文字添加各种样式和动画，可以使视频内容更加直观，也能更方便地传播视频。本章主要介绍怎样添加文字样式、一键套用文字模板、识别字幕、识别歌词、添加花字气泡、设置动画效果，以及添加贴纸，通过设置这些丰富多彩的字幕，让视频内容不再单调。

022 添加文字，设置样式

【效果展示】：在剪映 App 中，用户可以根据需要在视频中输入文字及设置喜欢的样式，丰富视频的内容，效果如图 4-1 所示。

案例效果

教学视频

图 4-1　添加文字效果展示

下面介绍在剪映 App 中添加文字和设置样式的具体操作方法。

步骤 01 在剪映 App 中导入一段视频素材，点击"文字"按钮，如图 4-2 所示。

步骤 02 在弹出的面板中，点击"新建文本"按钮，如图 4-3 所示。

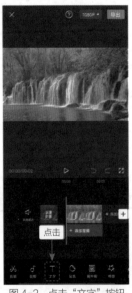 

图 4-2　点击"文字"按钮　　　　图 4-3　点击"新建文本"按钮

步骤 03 ❶输入文字内容；❷选择字体样式；❸选择第一款字体效果，如图 4-4 所示。

步骤 04 ❶切换至"标签"选项卡；❷选择第一款标签样式；❸拖曳滑块设置透明度参数为 72，如图 4-5 所示。

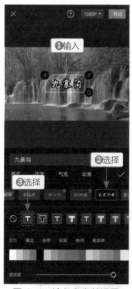

图 4-4　输入文字并设置

图 4-5　选择标签样式

步骤 05 ❶切换至"颜色"选项卡；❷选择颜色为浅黄色；❸拖曳滑块设置透明度参数为 61%；❹点击✓按钮，如图 4-6 所示。

步骤 06 ❶调整文字轨道的时长，对齐视频轨道；❷拖曳文本框右下角的█按钮，调整字体大小，并移动文本框到相应位置，如图 4-7 所示。

图 4-6　选择颜色

图 4-7　调整文本框位置

步骤 07 点击"导出"按钮，导出并播放视频，如图 4-8 所示。

图 4-8　导出并播放视频

023 文字模板，一键套用

【效果展示】：在剪映 App 中有许多新颖好用的
文字模板，只需一键即可套用，让视频内容更加丰富，
如图 4-9 所示。

案例效果　　教学视频

图 4-9　文字模板效果展示

下面介绍在剪映 App 中添加文字模板的具体操作方法。

步骤 01 在剪映 App 中导入一段视频素材，点击"文字"按钮，如图 4-10 所示。

步骤 02 在弹出的面板中，点击"文字模板"按钮，如图 4-11 所示。

图 4-10　点击"文字"按钮

图 4-11　点击"文字模板"按钮

步骤 03 ❶切换至"标题"选项卡；❷选择相应的文字模板，如图 4-12 所示。

步骤 04 ❶双击文本框中间的位置；❷在弹出的窗口中更改文字内容，如图 4-13 所示。

图 4-12　选择文字模板

图 4-13　更改文字内容

步骤 05 拖曳文本框右下角的■按钮，调整字体大小，并移动文本框到相应位置，如图 4-14 所示。

步骤 06 调整文字轨道的时长，对齐视频轨道，如图 4-15 所示。

图 4-14　调整文本框

图 4-15　调整文字轨道时长

步骤 07 点击"导出"按钮，导出并播放视频，如图 4-16 所示。

图 4-16　导出并播放视频

024 识别字幕，省时省力

【效果展示】：在剪映 App 中，用户可以使用识别字幕功能快速添加字幕，这样就不用手动添加文字，省时又省力，效果如图 4-17 所示。

案例效果

教学视频

图 4-17 识别字幕效果展示

下面介绍在剪映 App 中识别字幕的具体操作方法。

步骤 01 在剪映 App 中导入一段视频素材，点击"音频"按钮，如图 4-18 所示。

步骤 02 在弹出的面板中，点击"录音"按钮，如图 4-19 所示。

图 4-18 点击"音频"按钮

图 4-19 点击"录音"按钮

步骤 03 ❶录制一段合适的音频；❷点击《按钮，返回到主界面，如图 4-20 所示。

步骤 04 点击"文字"按钮，如图 4-21 所示。

图 4-20　录制音频

图 4-21　点击"文字"按钮

步骤 05 在弹出的面板中，点击"识别字幕"按钮，如图 4-22 所示。

步骤 06 在弹出的文本框中，点击"开始识别"按钮，如图 4-23 所示。

图 4-22　点击"识别字幕"按钮

图 4-23　点击"开始识别"按钮

步骤 07 自动识别出字幕后，❶选择合适的字体样式；❷调整文字的大小和位置；

❸点击✓按钮，如图 4-24 所示。

步骤 08 调整第二段文字轨道的时长，对齐视频轨道的末尾位置，如图 4-25 所示。

图 4-24　选择字体样式

图 4-25　调整轨道时长

步骤 09 点击"导出"按钮，导出并播放视频，如图 4-26 所示。

图 4-26　导出并播放视频

025 识别歌词，批量编辑

【效果展示】：在剪映 App 中，用户可以根据背景音乐自动识别歌词，添加字幕，还能进行批量编辑操作，统一设置文字的样式，效果如图 4-27 所示。

案例效果

教学视频

图 4-27 识别歌词效果展示

下面介绍在剪映 App 中识别歌词的具体操作方法。

步骤 01 在剪映 App 中导入一段视频素材，点击"文字"按钮，如图 4-28 所示。

步骤 02 在弹出的面板中，点击"识别歌词"按钮，如图 4-29 所示。

图 4-28 点击"文字"按钮　　　　图 4-29 点击"识别歌词"按钮

步骤 03 在弹出的文本框中，点击"开始识别"按钮，如图 4-30 所示。

步骤 04 点击"批量编辑"按钮，如图 4-31 所示。

图 4-30 点击"开始识别"按钮

图 4-31 点击"批量编辑"按钮

步骤 05 选择第一段文字，如图 4-32 所示。

步骤 06 ❶选择相应的字体样式；❷调整文字的大小，如图 4-33 所示。

图 4-32 选择第一段文字

图 4-33 选择字体样式

步骤 07 ❶切换至动画选项卡；❷选择"卡拉 OK"入场动画；❸调整动画时长为最大；❹选择颜色为浅蓝色；❺点击✓按钮，如图 4-34 所示。

步骤 08 用同样的操作方法，为第二段文字设置相同的动画效果，并调整轨道时长，对齐视频轨道的末尾位置，如图 4-35 所示。

图 4-34 设置动画效果

图 4-35 调整轨道时长

步骤 09 点击"导出"按钮，导出并播放视频，如图 4-36 所示。

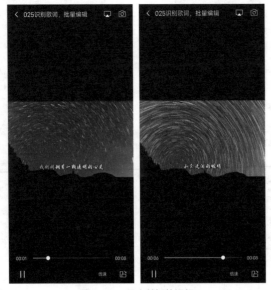

图 4-36 导出并播放视频

026　花字气泡，多姿多彩

【效果展示】：在剪映 App 中有多姿多彩的花字和气泡样式，选择合适的样式，可以搭配出满意的效果，如图 4-37 所示。

案例效果

教学视频

图 4-37　花字气泡效果展示

下面介绍在剪映 App 中添加花字气泡的具体操作方法。

步骤 01　在剪映 App 中导入一段视频素材，点击"文字"按钮，如图 4-38 所示。

步骤 02　在弹出的面板中，点击"新建文本"按钮，如图 4-39 所示。

图 4-38　点击"文字"按钮

图 4-39　点击"新建文本"按钮

步骤 03　输入文字内容，如图 4-40 所示。

步骤 04　❶切换至"花字"选项卡；❷选择一款花字样式，如图 4-41 所示。

图 4-40 输入文字

图 4-41 选择花字样式

步骤 05 ❶切换至"气泡"选项卡；❷选择一款气泡样式，如图 4-42 所示。

步骤 06 ❶切换至"动画"选项卡；❷选择"音符弹跳"入场动画；❸设置动画时长为最大；❹调整文字的大小和位置，如图 4-43 所示。

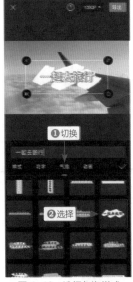

图 4-42 选择气泡样式

图 4-43 设置入场动画

步骤 07 点击"导出"按钮，导出并播放视频，如图 4-44 所示。

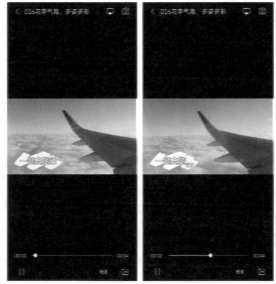

图 4-44 导出并播放视频

027 设置动画，文字跳舞

【效果展示】：在剪映 App 中给文字设置动画效果，就能让每段文字都动起来，有如跳舞一样，效果如图 4-45 所示。

案例效果

教学视频

图 4-45 设置动画效果展示

下面介绍在剪映 App 中设置文字动画的具体操作方法。

步骤 01 在剪映 App 中导入一段视频素材，点击"文字"按钮，如图 4-46 所示。

步骤 02 在弹出的面板中，点击"识别歌词"按钮，如图 4-47 所示。

步骤 03 在弹出的文本框中，点击"开始识别"按钮，如图 4-48 所示。

步骤 04 点击"批量编辑"按钮，如图 4-49 所示。

图 4-46　点击"文字"按钮

图 4-47　点击"识别歌词"按钮

图 4-48　点击"开始识别"按钮

图 4-49　点击"批量编辑"按钮

步骤 05 ❶选择相应的字体样式；❷选择颜色为黄色；❸调整文字的大小和位置，如图 4-50 所示。

步骤 06 ❶切换至"动画"选项卡；❷选择"螺旋上升"入场动画；❸设置动画时长为最大，如图 4-51 所示。

图 4-50　设置字体样式

图 4-51　设置入场动画

步骤 07 选择第二段文字，❶在"出场动画"选项区中，选择"弹弓"动画；❷设置动画时长为最大，如图 4-52 所示。

步骤 08 选择第三段文字，❶在"循环动画"选项区中，选择"心跳"动画；❷设置动画时长为最慢，如图 4-53 所示。

图 4-52　选择"弹弓"动画

图 4-53　选择"心跳"动画

步骤 09 点击"导出"按钮，导出并播放视频，如图 4-54 所示。

图 4-54 导出并播放视频

028 贴纸特效，个性遮挡

【效果展示】：在剪映 App 中有多种款式的贴纸，大部分都个性十足、富有趣味，还有马赛克遮挡作用，效果如图 4-55 所示。

案例效果

教学视频

图 4-55 添加贴纸效果展示

下面介绍在剪映 App 中添加贴纸的具体操作方法。

步骤 01 在剪映 App 中导入一段视频素材，点击"贴纸"按钮，如图 4-56 所示。

步骤 02 ❶切换至◉选项卡；❷选择◉表情贴纸；❸调整贴纸到穿橘色衣服人像的位置，如图 4-57 所示。

图 4-56 点击"贴纸"按钮

图 4-57 选择并调整贴纸

步骤 03 ❶切换至 █选项卡；❷选择 ◢贴纸；❸调整贴纸到站着穿白色衣服人像的位置，如图 4-58 所示。

步骤 04 ❶选择 ◢贴纸；❷调整贴纸到蹲着的人像的位置，如图 4-59 所示。

图 4-58 选择贴纸

图 4-59 调整贴纸位置

步骤 05 调整三条贴纸轨道的时长，对齐视频轨道，如图 4-60 所示。

步骤 06 ❶拖曳时间轴至视频起始位置；❷选择第三条贴纸轨道；❸点击 ◇ 按钮添加关键帧，如图 4-61 所示。

图 4-60　调整轨道时长

图 4-61　添加关键帧

步骤 07 ❶拖曳时间轴至人物动作变动的位置；❷微调贴纸的位置，使其一直盖住该人像的头，如图 4-62 所示。

步骤 08 用与以上同样的操作方法，为第二条贴纸轨道添加同样的操作，使贴纸一直盖住该人像的头，如图 4-63 所示。

图 4-62　微调贴纸位置

图 4-63　调整贴纸位置

步骤 09 ▶ 点击"导出"按钮，导出并播放视频，如图 4-64 所示。

图 4-64　导出并播放视频

第 5 章
添加音频，先声夺人

学前提示

　　选择合适的背景音乐、音效或者语音旁白，能够为作品增加亮点，甚至登上热门。本章主要介绍如何添加音频，让视频"先声夺人"，包括导入和剪辑音频、淡入淡出效果、变声效果、提取音乐、添加音效，以及自动踩点的内容。学会这些音频的操作技巧，能够为短视频增加吸引力。

029　导入音乐，剪辑时长

【效果展示】：在剪映 App 中有很多种添加背景音乐的方式，导入音乐之后就能根据视频的时长剪辑音频的时长，效果如图 5-1 所示。

案例效果　　　教学视频

图 5-1　导入音乐效果展示

下面介绍在剪映 App 中导入音乐的具体操作方法。

步骤 01 在剪映 App 中导入一段视频素材，点击"音频"按钮，如图 5-2 所示。

步骤 02 在弹出的面板中，点击"音乐"按钮，如图 5-3 所示。

图 5-2　点击"音频"按钮　　　图 5-3　点击"音乐"按钮

步骤 03 进入"添加音乐"界面，里面有各种添加音乐的方式，如图 5-4 所示。

步骤 04 这里选择搜索添加音乐，❶在搜索栏中输入歌曲名称并搜索；❷在页面中对合适的音乐下载并点击"使用"按钮，如图 5-5 所示。

图 5-4 进入"添加音乐"界面

图 5-5 下载和使用音乐

步骤 05 ❶拖曳时间轴至想要留下音频片段的起始位置；❷选择音频轨道；❸点击"分割"按钮，如图 5-6 所示。

步骤 06 点击"删除"按钮，直接删除前半段音频，如图 5-7 所示。

图 5-6 分割音频

图 5-7 点击"删除"按钮

步骤 07 调整音频轨道对齐视频轨道，❶拖曳时间轴至视频末尾位置；❷点击"分割"按钮，如图 5-8 所示。

步骤 08 ❶选择后半段多余的音频；❷点击"删除"按钮，留下需要的片段，如图 5-9 所示。

图 5-8 点击"分割"按钮

图 5-9 删除多余音频

步骤 09 点击"导出"按钮，导出并播放视频，如图 5-10 所示。

图 5-10 导出并播放视频

030 淡入淡出，平缓过渡

【效果展示】：当导入的音乐节奏过于紧凑时，可以添加淡入淡出的效果，让音频平缓过渡，使音频开始和结束时都不会过于突兀，效果如图 5-11 所示。

案例效果

教学视频

图 5-11　淡入淡出效果展示

下面介绍在剪映 App 中设置淡入淡出的具体操作方法。

步骤 01 在剪映 App 中导入一段视频素材，添加音频后，❶ 选择音频轨道；❷ 点击"淡化"按钮，如图 5-12 所示。

步骤 02 在"淡化"界面中拖曳滑块，分别设置"淡入时长"和"淡出时长"都为 0.7s，如图 5-13 所示。

图 5-12　点击"淡化"按钮

图 5-13　设置淡化时长

步骤 03 点击"导出"按钮，导出并播放视频，如图 5-14 所示。

图 5-14 导出并播放视频

031 变声技巧，隐藏原声

【效果展示】：如果在录制声音旁白时想要隐藏原声，可以选择变声效果，不仅能够隐藏原声，还能增加视频的趣味，效果如图 5-15 所示。

案例效果　　　　教学视频

图 5-15 变声效果展示

下面介绍在剪映 App 中添加变声效果的具体操作方法。

步骤 01 在剪映 App 中导入一段视频素材，并录制一段音频，❶选择音频轨道；❷点击"音量"按钮，如图 5-16 所示。

步骤 **02** 在"音量"界面中拖曳滑块，设置音量为最大，点击✓按钮返回，如图 5-17 所示。

图 5-16 点击"音量"按钮

图 5-17 设置音量值

步骤 **03** 点击"变声"按钮，如图 5-18 所示。

步骤 **04** 在"变声"界面，选择"大叔"变声效果，如图 5-19 所示。

图 5-18 点击"变声"按钮

图 5-19 选择"大叔"变声效果

步骤 05 点击"导出"按钮，导出并播放视频，如图 5-20 所示。

图 5-20　导出并播放视频

032　提取音乐，就地取材

【效果展示】：如果用户不知道其他视频中背景音乐的名字，可以使用提取音乐功能，一键获得其他视频中的背景音乐，就地取材，如图 5-21 所示。

案例效果　　教学视频

图 5-21　提取音乐效果展示

下面介绍在剪映 App 中导入音乐的具体操作方法。

步骤 01 在剪映 App 中导入一段视频素材，点击"音频"按钮，如图 5-22 所示。

步骤 02 在弹出的面板中，点击"提取音乐"按钮，如图 5-23 所示。

图 5-22 点击"音频"按钮

图 5-23 点击"提取音乐"按钮

步骤 03 进入"照片视频"界面，❶选择要提取音乐的视频；❷点击"仅导入视频的声音"按钮，如图 5-24 所示。

步骤 04 最后调整提取音乐的轨道时长，对齐视频轨道，如图 5-25 所示。

图 5-24 选择并导入视频的声音

图 5-25 调整轨道时长

步骤 05 点击"导出"按钮，导出并播放视频，如图 5-26 所示。

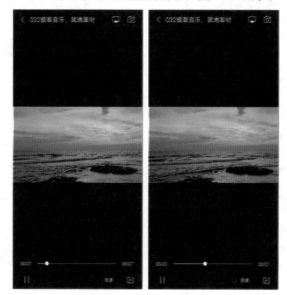

图 5-26 导出并播放视频

033 多种音效，创意无限

【效果展示】：剪映 App 中有很多场景音效素材，添加合适的音效后，可以让视频的背景音乐变得丰富多彩，效果如图 5-27 所示。

案例效果　　教学视频

图 5-27 添加音效效果展示

下面介绍在剪映 App 中添加音效的具体操作方法。

步骤 01 在剪映 App 中导入一段视频素材，点击"音频"按钮，如图 5-28 所示。

步骤 02 在弹出的面板中，点击"音效"按钮，如图 5-29 所示。

图 5-28 点击"音频"按钮

图 5-29 点击"音效"按钮

步骤 03 ❶切换至"乐器"选项卡；❷点击"钢琴背景乐"右侧的"使用"按钮，如图 5-30 所示。

步骤 04 用同样的方法，在"环境音"选项卡中添加"春天的鸟鸣"音效，如图 5-31 所示。

图 5-30 添加"钢琴背景乐"音效

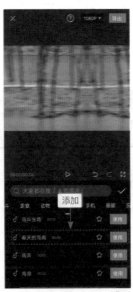

图 5-31 添加"春天的鸟鸣"音效

步骤 05 最后在"机械"选项卡中添加"快门声"音效，并复制该音效三次，添加四段音效，如图 5-32 所示。

步骤 06 最后调整各段音效轨道的时长和位置，如图 5-33 所示。

图 5-32 添加"快门声"音效

图 5-33 调整轨道时长

步骤 07 点击"导出"按钮，导出并播放视频，如图 5-34 所示。

图 5-34 导出并播放视频

034 自动踩点，视频卡点

【效果展示】：在剪映 App 中有音乐自动踩点的功能，根据踩点节奏就能制作出卡点视频，效果如图 5-35 所示。

案例效果　　　教学视频

图 5-35　自动踩点效果展示

下面介绍在剪映 App 中制作卡点视频的具体操作方法。

步骤 01 在剪映 App 中导入六张照片素材，点击"音频"按钮，添加合适的卡点音乐，如图 5-36 所示。

步骤 02 ❶选择音频轨道；❷点击"踩点"按钮，如图 5-37 所示。

图 5-36　点击"音频"按钮　　　图 5-37　点击"踩点"按钮

步骤 03 ❶在"踩点"界面中，点击"自动踩点"按钮；❷选择"踩节拍 I"选项，如图 5-38 所示。

步骤 04 调整视频轨道中每段素材的时长，对齐每个小黄点，如图 5-39 所示。
完成后删除多余的音频。

图 5-38 开启自动踩点

图 5-39 调整素材时长

步骤 05 ❶选择第一段素材；❷点击"动画"按钮，如图 5-40 所示。

步骤 06 在弹出的面板中，点击"组合动画"按钮，如图 5-41 所示。

图 5-40 点击"动画"按钮

图 5-41 点击"组合动画"按钮

步骤 07 选择"降落旋转"动画，如图 5-42 所示。

步骤 08 分别为后面的五段素材都添加"形变缩小"组合动画，如图 5-43 所示。

图 5-42 选择"降落旋转"动画　　　　图 5-43 添加"形变缩小"动画

步骤 09 点击"导出"按钮，导出并播放视频，如图 5-44 所示。

图 5-44 导出并播放视频

美好记忆

MEI　　HAO　　JI　　YI

第 6 章

创意片头，引人注目

学前提示

　　完美的开场能吸引观众继续观看视频，因此创意的片头设计是引人注目的第一步。那如何做出完美的片头呢？本章将为大家分享八个片头技巧，主要有自带片头、粒子出字、文字分割、文字溶解、文字分离、文字出现、文字切割和电影开幕，帮助视频制作者找到更多灵感，做出专属于自己的创意片头。

035 自带片头，选择多多

【效果展示】：在剪映 App 的素材库中有很多自带的片头素材，类型丰富，选择多样。用户可以根据不同的视频类型选择不一样的片头素材，效果如图 6-1 所示。

案例效果

教学视频

图 6-1 自带片头效果展示

下面介绍在剪映 App 中制作自带片头视频的具体操作方法。

步骤 01 在剪映 App 中导入一段视频素材，❶选中视频轨道；❷点击"定格"按钮，如图 6-2 所示。

步骤 02 返回主界面，点击"画中画"按钮，如图 6-3 所示。

图 6-2 点击"定格"按钮　　　　图 6-3 点击"画中画"按钮

步骤 03 在弹出的面板中，点击"新增画中画"按钮，如图 6-4 所示。

步骤 04 ❶点击"素材库"选项卡；❷在"片头"选项区中选择一款片头素材；❸点击"添加"按钮，如图 6-5 所示。

图 6-4 点击"新增画中画"按钮

图 6-5 添加片头素材

步骤 05 ❶调整片头素材的画面大小；❷点击"混合模式"按钮，如图 6-6 所示。

步骤 06 ❶选择"滤色"选项；❷点击 ✓ 按钮，如图 6-7 所示。

图 6-6 点击"混合模式"按钮

图 6-7 选择"滤色"选项

步骤 07 ❶选择视频轨道中的第一段素材；❷设置时长为 1.5s，如图 6-8 所示。

步骤 08 添加合适的背景音乐，如图 6-9 所示。

图 6-8　设置时长

图 6-9　添加背景音乐

步骤 09 点击"导出"按钮，导出并播放视频，如图 6-10 所示。

图 6-10　导出并播放视频

036 粒子出字，简单易做

【效果展示】：剪映 App 中的粒子出字效果，可以增加视频质感，画面中文字可随着粒子的消散而出现，效果如图 6-11 所示。

案例效果　　　　教学视频

图 6-11　粒子出字效果展示

下面介绍在剪映 App 中制作粒子出字视频的具体操作方法。

步骤 01 在剪映 App 中导入一段视频素材，点击"文字"按钮，如图 6-12 所示。

步骤 02 在弹出的面板中，点击"新建文本"按钮，如图 6-13 所示。

图 6-12　点击"文字"按钮

图 6-13　点击"新建文本"按钮

步骤 03 ❶输入文字内容；❷选择合适的字体；❸选择排列方式，如图 6-14 所示。

步骤 04 ❶用同样的方法输入后面两段文字并调整其位置和大小；❷为三段文字都添加"溶解"入场动画；❸设置动画时长为 2s，如图 6-15 所示。

图 6-14　输入和调整文字　　　　　　　　　图 6-15　添加"溶解"动画

步骤 05 回到主界面，点击"画中画"按钮，如图 6-16 所示。

步骤 06 在弹出的面板中，点击"新增画中画"按钮，如图 6-17 所示。

图 6-16　点击"画中画"按钮　　　　　　　　图 6-17　点击"新增画中画"按钮

步骤 07 ❶选择粒子视频素材；❷点击"添加"按钮，如图 6-18 所示。

步骤 08 点击"混合模式"按钮，如图 6-19 所示。

图 6-18 添加粒子视频素材

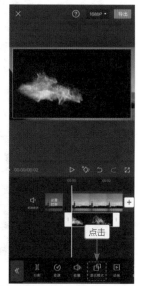

图 6-19 点击"混合模式"按钮

步骤 09 ❶选择"滤色"选项；❷调整素材的位置，如图 6-20 所示。

步骤 10 用同样的方法，添加第二段粒子素材，叠加消散的效果，如图 6-21 所示。

图 6-20 选择"滤色"选项

图 6-21 添加第二段粒子素材

步骤 11 点击"导出"按钮，导出并播放视频，如图 6-22 所示。

图 6-22 导出并播放视频

037 文字分割，别样开头

【效果展示】：在剪映 App 中可以利用蒙版和关键帧功能制作文字分割效果，让新的文字在分割区域中显现出来，别样又高级，效果如图 6-23 所示。

案例效果

教学视频

图 6-23 文字分割效果展示

下面介绍在剪映 App 中制作文字分割视频的具体操作方法。

步骤 01 ❶在剪映 App 素材库中选择一段黑幕素材，❷点击"添加"按钮，如图 6-24 所示。

步骤 02 设置视频轨道时长为 8s，如图 6-25 所示。

图 6-24　添加黑幕素材

图 6-25　设置轨道时长

步骤 03 输入文字内容，并设置字体样式，调整文字大小，调整文字轨道时长与视频轨道一样长，点击"导出"按钮，如图 6-26 所示。

步骤 04 在剪映 App 中导入新的视频素材，点击"画中画"按钮导入上一步导出的视频，点击"混合模式"按钮，如图 6-27 所示。

图 6-26　点击"导出"按钮

图 6-27　点击"混合模式"按钮

步骤 05 ❶选择"滤色"选项；❷点击✔按钮，如图 6-28 所示。

步骤 06 点击"蒙版"按钮，如图 6-29 所示。

图 6-28 选择"滤色"选项

图 6-29 点击"蒙版"按钮

步骤 07 ❶选择"镜面"按钮；❷调整蒙版的位置；❸点击"反转"按钮，如图 6-30 所示。

步骤 08 返回主界面，点击"文字"按钮，如图 6-31 所示。

图 6-30 点击"反转"按钮

图 6-31 点击"文字"按钮

步骤 **09** 在弹出的面板中，点击"新建文本"按钮，如图 6-32 所示。

步骤 **10** ❶输入文字内容；❷选择字体样式；❸调整文字的位置；❹设置"字间距"为 2，如图 6-33 所示。

图 6-32 点击"新建文本"按钮

图 6-33 输入和调整文字

步骤 **11** ❶切换至"动画"选项卡；❷选择"打字机 II"入场动画；❸设置动画时长为 2s，如图 6-34 所示。

步骤 **12** ❶回到主界面，选择画中画轨道；❷拖曳时间轴至视频 2s 的位置；❸点击 ◇ 按钮添加关键帧，如图 6-35 所示。

图 6-34 入场动画设置

图 6-35 添加关键帧

步骤 **13** ❶拖曳时间轴至视频起始位置；❷点击"蒙版"按钮，如图 6-36 所示。

步骤 **14** 放大镜面蒙版的区域，如图 6-37 所示。

图 6-36 点击"蒙版"按钮

图 6-37 放大镜面蒙版区域

步骤 **15** 调整文字轨道的时长，使其与视频轨道一样长，如图 6-38 所示。

步骤 **16** 最后添加合适的背景音乐，如图 6-39 所示。

图 6-38 调整轨道时长

图 6-39 添加背景音乐

步骤 **17** 点击"导出"按钮，导出并播放视频，如图 6-40 所示。

图 6-40　导出并播放视频

038　文字溶解，个性十足

【效果展示】：文字溶解的效果很适合用在海景视频中，文字随着波光慢慢地溶解显现出来，非常有个性且富有美感，效果如图 6-41 所示。

案例效果

教学视频

图 6-41　文字溶解效果展示

下面介绍在剪映 App 中制作文字溶解视频的具体操作方法。

步骤 **01** 在剪映 App 素材库中导入一段黑幕素材，并设置视频轨道时长为 6.3s，如图 6-42 所示。

步骤 **02** 输入两段文字内容，设置字体样式和调整文字的位置和大小，最后添加"溶解"入场动画效果，并设置动画时长为 2s，如图 6-43 所示。

图 6-42　设置轨道时长

图 6-43　添加"溶解"动画

步骤 03 ❶调整两段文字轨道的时长，使其与视频轨道一样长；❷点击"导出"按钮，如图 6-44 所示。

步骤 04 在剪映 App 中导入新的视频素材，点击"画中画"按钮，如图 6-45 所示。

图 6-44　调整轨道时长

图 6-45　点击"画中画"按钮

步骤 05 在弹出的界面中，点击"新增画中画"按钮，如图 6-46 所示。

步骤 06 导入上一步导出的视频并调整画面大小，点击"混合模式"按钮，如图 6-47 所示。

图 6-46　点击"新增画中画"按钮

图 6-47　点击"混合模式"按钮

步骤 07 选择"滤色"选项，如图 6-48 所示。

步骤 08 最后添加合适的背景音乐，如图 6-49 所示。

图 6-48　选择"滤色"选项

图 6-49　添加背景音乐

步骤 09 点击"导出"按钮，导出并播放视频，如图 6-50 所示。

图 6-50　导出并播放视频

039　文字分离，妙趣横生

【效果展示】：文字分离的效果也是利用关键帧功能制作出来的，在文字分离的中间位置又出现文字，使视频效果更加妙趣横生，效果如图 6-51 所示。

案例效果　　教学视频

图 6-51　文字分离效果展示

下面介绍在剪映 App 中制作文字分离视频的具体操作方法。

步骤 01 在剪映 App 中导入一段视频素材，输入四段文字，选择喜欢的字体样式，并调整文字的位置和轨道时长，如图 6-52 所示。

步骤 02 ❶选择第一个文字轨道；❷拖曳时间轴至视频 2s 位置；❸点击◇按钮

添加关键帧，如图 6-53 所示。

图 6-52　调整文字位置

图 6-53　添加第一个轨道关键帧

步骤 03　❶选择第二个文字轨道；❷点击◇按钮添加关键帧，如图 6-54 所示。

步骤 04　❶拖曳时间轴至视频起始位置；❷调整第二个文字轨道中文字的位置，向中间靠拢，如图 6-55 所示。

图 6-54　添加第二个轨道关键帧

图 6-55　调整文字位置

步骤 05 ❶选择第一个文字轨道；❷调整文字的位置，也向中间靠拢，如图 6-56 所示。

步骤 06 调整第三个和第四个文字轨道的时长，使其对齐第二个关键帧的位置，点击"样式"按钮，如图 6-57 所示。

图 6-56　调整文字位置

图 6-57　点击"样式"按钮

步骤 07 添加"渐显"入场动画，并设置动画时长为 1s，如图 6-58 所示，为第三个文字轨道也添加同样的动画效果。

步骤 08 最后添加合适的背景音乐，如图 6-59 所示。

步骤 09 点击"导出"按钮，导出并播放视频，如图 6-60 所示。

图 6-58　添加"渐显"动画

图 6-59　添加背景音乐

图 6-60 导出并播放视频

040 文字出现，创意满满

【效果展示】：文字出现的效果，是让文字跟着画面中物体运动的轨迹逐渐出现，让视频创意十足，效果如图 6-61 所示。

案例效果   教学视频

图 6-61 文字出现效果展示

下面介绍在剪映 App 中制作文字出现视频的具体操作方法。

步骤 01 在剪映 App 中导入一段黑幕素材，设置轨道时长为 5.2s，如图 6-62 所示。

步骤 02 输入一段文字，设置字体样式和调整文字大小和位置，并调整轨道时长对齐视频轨道，最后点击"导出"按钮，如图 6-63 所示。

图 6-62　设置轨道时长　　　　　　图 6-63　设置文字并调整轨道时长

步骤 03 在剪映 App 中导入一段视频素材，点击"画中画"按钮，如图 6-64 所示。

步骤 04 导入上一步导出的视频，点击"混合模式"按钮，如图 6-65 所示。

图 6-64　点击"画中画"按钮　　　　图 6-65　点击"混合模式"按钮

步骤 05 选择"滤色"选项，如图 6-66 所示。

步骤 06 ❶调整文字的位置；❷拖曳时间轴至鸽子尾巴与最后一个文字对齐的位置；❸点击⬨按钮添加关键帧；❹点击"蒙版"按钮，如图 6-67 所示。

图 6-66　选择"滤色"选项

图 6-67　设置文字并添加关键帧

步骤 07 ❶选择"线性"蒙版；❷调整蒙版的角度，使其为 90°；❸调整蒙版的位置，处于鸽子尾巴的后面，如图 6-68 所示。

步骤 08 ❶向右拖曳时间轴；❷调整蒙版的位置，使其处于鸽子尾巴的后面，如图 6-69 所示。

图 6-68　选择"线性"蒙版并调整

图 6-69　调整蒙版位置 1

步骤 09 ❶向右微微拖曳时间轴至视频 3s 位置；❷调整蒙版的位置，使其处于鸽子尾巴的后面，如图 6-70 所示。

步骤 10 ❶向右拖曳时间轴；❷调整蒙版的位置，使其处于鸽子尾巴的后面，如图 6-71 所示。

图 6-70　调整蒙版位置 2

图 6-71　调整蒙版位置 3

步骤 11 ❶向右拖曳时间轴至视频 4s 位置；❷调整蒙版的位置，使其处于鸽子尾巴的后面，如图 6-72 所示。

步骤 12 ❶拖曳时间轴至视频末尾位置；❷调整蒙版的位置，使其处于鸽子头部的位置，如图 6-73 所示。

步骤 13 点击"导出"按钮，导出并播放视频，如图 6-74 所示。

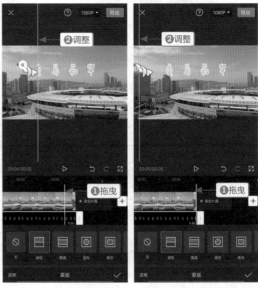

图 6-72　调整蒙版位置 4　　图 6-73　调整蒙版位置 5

图 6-74 导出并播放视频

041 文字切割，炫酷无比

【效果展示】：文字切割的效果非常炫酷，让出场的文字从中间切割，而且制作过程也不是很难，如图 6-75 所示。

案例效果

教学视频

图 6-75 文字切割效果展示

下面介绍在剪映 App 中制作文字切割视频的具体操作方法。

步骤 01 在剪映 App 中导入一段黑幕素材，如图 6-76 所示。

步骤 02 输入一段文字，设置字体样式，调整文字大小和位置后点击"导出"按钮，如图 6-77 所示。

图 6-76　导入黑幕素材

图 6-77　输入和调整文字

步骤 03 在剪映 App 中导入一段视频素材，再导入上一步导出的素材，点击"混合模式"按钮，如图 6-78 所示。

步骤 04 选择"滤色"选项，如图 6-79 所示。

图 6-78　点击"混合模式"按钮

图 6-79　选择"滤色"选项

步骤 05 复制画中画轨道的素材，移动到第二个画中画轨道，拖曳时间轴至视频 1s 位置，对两个画中画轨道依次进行分割处理，如图 6-80 所示。

步骤 06 ❶选择第一个画中画轨道中的后半部分素材；❷点击"蒙版"按钮，如图 6-81 所示。

图 6-80　进行分割处理

图 6-81　点击"蒙版"按钮

步骤 07 ❶选择"线性"蒙版；❷调整蒙版的角度，使其处于文字对角线切割位置，如图 6-82 所示。

步骤 08 用同样的方法，对第二个画中画轨道中后半部分的素材进行线性蒙版操作，调整蒙版的位置，使其刚好相反，如图 6-83 所示。

图 6-82　选择"线性"蒙版

图 6-83　调整蒙版位置

步骤 09 ❶选择第一个画中画轨道中的后半部分素材；❷点击"动画"按钮，如图 6-84 所示。

步骤 10 ❶选择"向上滑动"出场动画；❷设置"动画时长"为最大，如图6-85所示。

步骤 11 用同样的方法，为第二个画中画轨道中的后半部分素材添加"向下滑动"动画效果，如图6-86所示。

步骤 12 ❶拖曳时间轴至画中画轨道分割位置；❷点击"新增画中画"按钮，如图6-87所示。

图 6-84　点击"动画"按钮　　图 6-85　选择相应动画

图 6-86　添加动画效果

图 6-87　点击"新增画中画"按钮

步骤 13 导入切割特效视频素材后，点击"混合模式"按钮，如图 6-88 所示。

步骤 14 ❶选择"滤色"选项；❷调整该素材的位置，使其处于蒙版线分割位置，如图 6-89 所示。

图 6-88　点击"混合模式"按钮

图 6-89　选择并调整素材位置

步骤 15 点击"导出"按钮，导出并播放视频，如图 6-90 所示。

图 6-90　导出并播放视频

042 电影开幕，大片效果

【效果展示】：电影开幕片头需要先把文字效果做出来，才能融合到视频当中去，整体是黑幕由两边拉下来，文字出现的效果，如图 6-91 所示。

案例效果

教学视频

图 6-91 电影开幕效果展示

下面介绍在剪映 App 中制作电影开幕视频的具体操作方法。

步骤 01 ❶在剪映 App 素材库中依次选择白底素材和黑幕素材；❷点击"添加"按钮，如图 6-92 所示。

步骤 02 复制一段黑幕素材，如图 6-93 所示。

图 6-92 选择素材

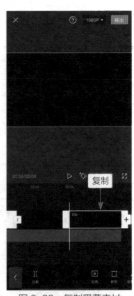

图 6-93 复制黑幕素材

步骤 03 点击"画中画"按钮，如图 6-94 所示。

步骤 04 ❶选择黑幕素材；❷点击"切画中画"按钮，如图 6-95 所示。

图 6-94 点击"画中画"按钮

图 6-95 点击"切画中画"按钮

步骤 **05** 重复上一步的操作后，拖曳两段画中画轨道的位置，对齐视频轨道，如图 6-96 所示。

步骤 **06** 把所有轨道时长都设置为 10.3s，如图 6-97 所示。

图 6-96 调整轨道位置

图 6-97 设置轨道时长

步骤 07 ❶拖曳时间轴至视频 6s 位置；❷点击 按钮为两段画中画轨道添加关键帧；❸调整两段黑幕画面的位置，露出部分白底素材，如图 6-98 所示。

步骤 08 ❶拖曳时间轴至视频起始位置；❷调整两段黑幕画面位置，露出所有白底素材，如图 6-99 所示。

步骤 09 ❶拖曳时间轴至视频 6s 位置；❷点击"文字"按钮，如图 6-100 所示。

步骤 10 点击"新建文本"按钮，如图 6-101 所示。

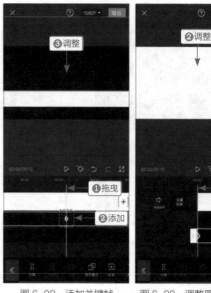

图 6-98　添加关键帧　　　图 6-99　调整黑幕画面位置

图 6-100　点击"文字"按钮

图 6-101　点击"新建文本"按钮

步骤 11 输入两段文字内容，选择合适的字体，调整文字的位置，如图 6-102 所示。

步骤 12 调整两段文字轨道的时长，对齐视频末尾处，如图 6-103 所示。

图6-102 调整文字位置

图6-103 调整轨道时长

步骤 13 为两段文字都添加"渐显"入场动画，设置动画时长为最大，点击"导出"按钮，如图6-104所示。

步骤 14 在剪映App中导出一段背景视频素材，点击"画中画"按钮，如图6-105所示。

图6-104 添加"渐显"动画

图6-105 点击"画中画"按钮

步骤 15 点击"新增画中画"按钮，如图 6-106 所示。

步骤 16 ❶添加上一步导出的视频并调整其画面大小；❷点击"混合模式"按钮，如图 6-107 所示。

图 6-106 点击"新增画中画"按钮

图 6-107 点击"混合模式"按钮

步骤 17 选择"正片叠底"选项，如图 6-108 所示。

步骤 18 添加合适的背景音乐，如图 6-109 所示。

图 6-108 选择"正片叠底"选项

图 6-109 添加背景音乐

步骤 **19** 点击"导出"按钮，导出并播放视频，如图 6-110 所示。

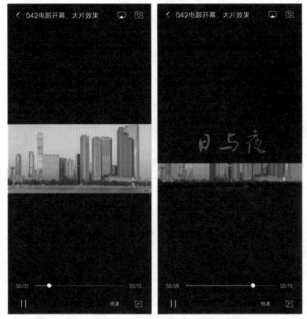

图 6-110　导出并播放视频

第 7 章
特色片尾，回味无穷

学前提示

　　无论是短视频还是长视频，都少不了片尾，因此制作出让观众印象深刻的片尾非常重要。有特色的片尾不仅能给观众留下好的印象，还能起到引流的作用。本章主要介绍如何套用片尾模板，制作大气片尾、故障风片尾、电影谢幕，以及短视频片尾，使用户能够制作出更多有特色、有风格的片尾。

043 片尾模板，一键操作

【效果展示】：在剪映 App 中有剪同款功能，只需一张照片，即可套用模板做出专属于自己的片尾头像视频，效果如图 7-1 所示。

案例效果　　教学视频

下面介绍在剪映 App 中制作片尾视频的具体操作方法。

步骤 01 在剪映 App 主界面中点击"剪同款"按钮，如图 7-2 所示。

步骤 02 ❶在搜索栏中输入"片尾"并搜索；❷在页面中选择一款片尾模板，如图 7-3 所示。

图 7-1 片尾模板效果展示

图 7-2 点击"剪同款"按钮

图 7-3 选择片尾模板

步骤 03 点击"剪同款"按钮，如图 7-4 所示。

步骤 04 ❶在"照片视频"界面中选择一张照片；❷点击"下一步"按钮，如图 7-5 所示。

图 7-4 点击"剪同款"按钮

图 7-5 选择照片

步骤 05 预览视频播放效果，点击"导出"按钮，如图 7-6 所示。

步骤 06 在"导出选择"面板中，选择"无水印保存并分享"选项，即可导出无水印的视频，如图 7-7 所示。

图 7-6 点击"导出"按钮

图 7-7 选择"无水印保存并分享"选项

步骤 07 导出并播放视频，如图 7-8 所示。

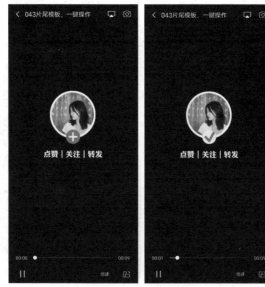

图 7-8 导出并播放视频

044 大气片尾，特色风格

【效果展示】：在剪映 App 中可以利用画中画功能更换片尾求关注视频的素材，得到更多有特色风格的大气片尾视频，效果如图 7-9 所示。

案例效果

教学视频

下面介绍在剪映 App 中制作大气片尾视频的具体操作方法。

步骤 01 在剪映 App 中导入一张照片素材，点击"画中画"按钮，如图 7-10 所示。

步骤 02 在弹出的面板中，点击"新增画中画"按钮，如图 7-11 所示。

图 7-9 大气片尾效果展示

图 7-10　点击"画中画"按钮

图 7-11　点击"新增画中画"按钮

步骤 03　❶选择片尾视频素材；❷点击"添加"按钮，如图 7-12 所示。

步骤 04　❶在预览区调整导入视频的画面大小，使其铺满屏幕；❷拖曳时间轴至绿幕圆框出现的位置；❸点击"色度抠图"按钮，如图 7-13 所示。

图 7-12　添加视频素材

图 7-13　点击"色度抠图"按钮

步骤 05　在屏幕中拖曳取色器，对绿色取样，如图 7-14 所示。

步骤 06 ❶在"色度抠图"界面中，选择"强度"选项；❷拖曳滑块至数值 100，如图 7-15 所示。

图 7-14　颜色取样　　　　　　　　　图 7-15　拖曳滑块

步骤 07 ❶选择"阴影"选项；❷拖曳滑块至数值 100，如图 7-16 所示。

步骤 08 调整视频轨道中头像的位置，如图 7-17 所示。

图 7-16　拖曳滑块　　　　　　　　　图 7-17　调整头像的位置

步骤 09 点击"导出"按钮，导出并播放视频，如图 7-18 所示。

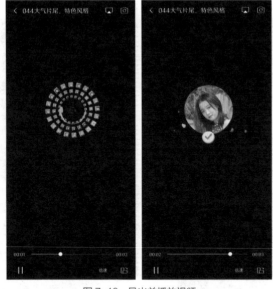

图 7-18　导出并播放视频

045　故障片尾，与众不同

【效果展示】：故障片尾是比较少见的一种片尾视频形式，效果非常独特，不容易撞风格，但制作方式要复杂一些，如图 7-19 所示。

案例效果　　　教学视频

图 7-19　故障片尾效果展示

下面介绍在剪映 App 中制作故障片尾视频的具体操作方法。

步骤 01 在剪映 App 的素材库中导入一段黑幕素材，并设置时长为 5.8s，如图 7-20 所示。

步骤 02 连续点击"画中画"按钮和"新增画中画"按钮，导入一张照片素材，

❶调整照片画面的大小、位置和轨道时长；❷点击"蒙版"按钮，如图 7-21 所示。

步骤 03 ❶在"蒙版"界面，选择"矩形"蒙版；❷调整蒙版的位置，使其露出头像素材的四分之一，如图 7-22 所示。

步骤 04 点击"复制"按钮，复制画中画轨道，拖曳至第二个画中画轨道，并对齐视频轨道，点击"蒙版"按钮，调整蒙版位置，露出头像素材的二分之一，如图 7-23 所示。

图 7-20　导入黑幕素材

图 7-21　点击"蒙版"按钮

图 7-22　选择并调整蒙版

图 7-23　调整蒙版位置

步骤 05 用同样的操作方法，复制并调整剩下的两段画中画轨道，使头像素材全部露出来，如图 7-24 所示。

步骤 06 点击"音频"按钮，添加合适的背景音乐，根据音乐节奏，调整四段画中画轨道的时长，如图 7-25 所示。

图 7-24 复制并调整蒙版位置

图 7-25 调整轨道的位置

步骤 07 点击"文字"按钮，添加文字，并设置喜欢的字体、颜色样式，调整文字的大小和位置，调整文字轨道的时长，如图 7-26 所示。

步骤 08 为文字添加"弹性伸缩"入场动画，设置动画时长为 1s，如图 7-27 所示。

图 7-26 添加文字

图 7-27 设置入场动画

步骤 09 点击"特效"按钮，添加"几何图形"动感特效，如图 7-28 所示。设置特效轨道，使其与视频轨道一样长。

步骤 **10** 点击"新增特效"按钮，添加"视频分割"动感特效，❶选择该特效轨道；❷点击"作用对象"按钮，如图 7-29 所示。

图 7-28　添加"几何图形"特效

图 7-29　点击"作用对象"按钮

步骤 **11** 在"作用对象"界面中，选择"全局"选项，如图 7-30 所示。

步骤 **12** 最后添加"毛刺"动感特效，作用对象也是设置全局，调整特效轨道时长，如图 7-31 所示。

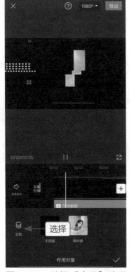

图 7-30　选择"全局"选项

图 7-31　添加"毛刺"特效

步骤 13 点击"导出"按钮，导出并播放视频，如图 7-32 所示。

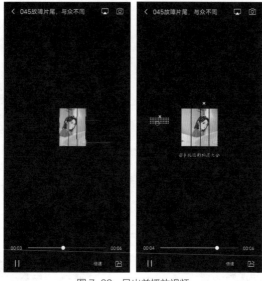

图 7-32 导出并播放视频

046 电影谢幕，非学不可

【效果展示】：在剪映 App 中，可以利用关键帧功能制作出电影谢幕片尾的效果，这是长视频中常见的片尾形式，效果如图 7-33 所示。

案例效果　　教学视频

图 7-33 电影谢幕效果展示

下面介绍在剪映 App 中制作电影谢幕视频的具体操作方法。

步骤 01 在剪映 App 中导入一段视频素材，❶选择视频轨道；❷点击◇按钮添加关键帧，如图 7-34 所示。

步骤 02 ❶拖曳时间轴至视频 1s 位置；❷点击◇按钮添加关键帧；❸调整素材画面的大小，并移动至左边位置，如图 7-35 所示。

图 7-34 添加关键帧

图 7-35 移动画面位置

步骤 03 点击"文字"按钮，输入相应的谢幕文字，并调整文字轨道对齐视频轨道的末尾位置，❶在文字轨道起始处点击 ◇ 按钮，添加关键帧；❷调整文本框的大小和位置，如图 7-36 所示。

步骤 04 ❶拖曳时间轴至文字轨道末尾处；❷点击 ◇ 按钮添加关键帧；❸调整文本框的位置，使字幕效果呈现由下往上走的形式，如图 7-37 所示。

图 7-36 调整文本框的位置

图 7-37 调整字幕效果

步骤 05 回到主界面，点击"特效"按钮，添加"录制边框 II"特效，如图 7-38 所示。

步骤 06 调整特效轨道的时长与视频轨道一样长，并添加合适的背景音乐，如图 7-39 所示。

图 7-38　添加"录制边框 II"特效

图 7-39　调整轨道时长

步骤 07 点击"导出"按钮，导出并播放视频，如图 7-40 所示。

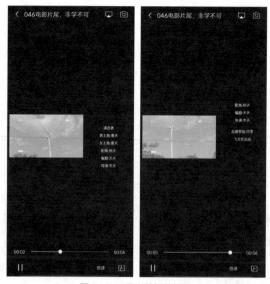

图 7-40　导出并播放视频

047 视频片尾，涨粉利器

【效果展示】：自媒体平台通常会在视频的片尾添加名称和广告语，在引流过程中起到提示性的作用，这也是常见的一种片尾风格，效果如图 7-41 所示。

案例效果

教学视频

图 7-41　视频片尾效果展示

下面介绍在剪映 App 中制作视频片尾的具体操作方法。

步骤 01　在剪映 App 中导入一段视频素材，添加一张白底素材并调整轨道时长，点击"蒙版"按钮，如图 7-42 所示。

步骤 02　❶选择"圆形"蒙版；❷调整蒙版位置，如图 7-43 所示。

 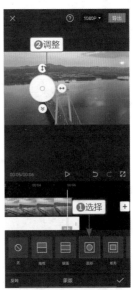

图 7-42　点击"蒙版"按钮　　　　图 7-43　选择和调整蒙版

步骤 03　❶添加一张头像素材并调整位置大小和轨道时长；❷添加"圆形"蒙版，如图 7-44 所示。

步骤 04 调整头像素材的大小和位置，使其覆盖白底素材，如图 7-45 所示。

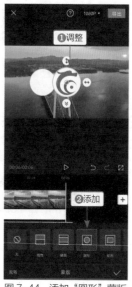

图 7-44　添加"圆形"蒙版

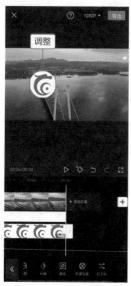

图 7-45　调整素材位置

步骤 05 为白底素材和头像素材都添加"向左滑动"动画效果，并设置"动画时长"为 1.2s，如图 7-46 所示。

步骤 06 在视频 1.2s 处添加文字，设置合适的样式，调整文字的大小和位置，并添加"向左滑动"入场动画，设置动画时长为 1.2s，如图 7-47 所示。

图 7-46　添加动画效果

图 7-47　设置动画时长

步骤 07 在视频 3s 左右位置添加两段图标素材，调整其在画面中的大小和位置，并调整轨道时长，如图 7-48 所示。

步骤 08 为两段图标素材都添加"向左滑动"动画效果，并设置"动画时长"为 1.2s，如图 7-49 所示。

步骤 09 在视频 3s 左右位置添加文字，设置合适的样式，并添加"向左滑动"入场动画，设置动画时长为 1.2s，如图 7-50 所示。

步骤 10 调整文字轨道的时长，在视频 3s 左右的位置点击"添加贴纸"按钮，如图 7-51 所示。

图 7-48　添加图标素材　　　　图 7-49　添加动画效果

图 7-50　添加动画设置时长

图 7-51　点击"添加贴纸"按钮

步骤 11 ❶切换至 ▨ 选项卡；❷选择一款贴纸，如图 7-52 所示

步骤 12 最后根据视频播放顺序，添加几段音效，如图 7-53 所示。

图 7-52　选择贴纸

图 7-53　添加音效

步骤 13　点击"导出"按钮，导出并播放视频，如图 7-54 所示。

图 7-54　导出并播放视频

第8章

爆款模板，同款制作

学前提示

　　在剪映 App 中不仅可以剪辑视频，还有很多爆款模板可选，帮助用户一键制作同款视频。导出的视频还能进行再加工，以达到用户想要的效果。本章主要介绍花朵变色、3D 夜景、特效变身、水中仙子、画笔画人、油画变人、变成三岁和动感照片秀这八个爆款模板，整体操作非常简单，对新人来说也很方便，是大家省时省力的不二选择，帮助用户制作出热门视频。

048 花朵变色，五颜六色又吸睛

【效果展示】：花朵变色的效果很适合花朵等近景照片或者视频，一幕幕五颜六色的花朵显现出来，非常吸睛，如图 8-1 所示。

案例效果　　　教学视频

图 8-1　花朵变色效果展示

下面介绍在剪映 App 中制作花朵变色视频的具体操作方法。

步骤 01 打开剪映 App，点击"剪同款"按钮 🖼，进入"剪同款"界面，如图 8-2 所示。

步骤 02 可以滑动界面选择喜欢的模板，也可以搜索关键词找到模板，❶这里在搜索栏中搜索模板；❷选择一款模板，如图 8-3 所示。

步骤 03 点击右下角的"剪同款"按钮，如图 8-4 所示。

步骤 04 ❶在"照片视频"

图 8-2　点击"剪同款"按钮　　图 8-3　选择一款模板

界面中选择一张花朵照片；❷点击"下一步"按钮，如图 8-5 所示。

图 8-4　点击"剪同款"按钮

图 8-5　选择照片

步骤 05 预览完成后，点击"导出"按钮，如图 8-6 所示。

步骤 06 在"导出选择"界面中，选择"无水印保存并分享"选项，如图 8-7 所示，这样导出的视频才没有水印。

图 8-6　点击"导出"按钮

图 8-7　选择"无水印保存并分享"选项

步骤 07 如果对视频中部分效果不满意，可在剪映 App 中导入刚才导出的视频，

❶选择并放大视频轨道；❷拖曳时间轴至合适位置；❸点击"分割"按钮，如图 8-8 所示。

步骤 08 ❶选择不需要的素材片段；❷点击"删除"按钮，如图 8-9 所示，删除不满意的视频片段。

图 8-8 点击"分割"按钮

图 8-9 删除多余素材

步骤 09 点击"导出"按钮，导出并播放视频，如图 8-10 所示。

图 8-10 导出并播放视频

049 3D夜景，夜景照片也能动

【效果展示】：3D 夜景效果很适合夜景素材，近景或者远景素材都能套用，而且加上特效后，建筑物会有立体移动的效果，非常神奇，如图 8-11 所示。

案例效果

教学视频

图 8-11 3D 夜景效果展示

下面介绍在剪映 App 中制作 3D 夜景视频的具体操作方法。

步骤 01 打开剪映 App，点击"剪同款"按钮 📷，进入"剪同款"界面，如图 8-12 所示。

步骤 02 ❶在搜索栏中搜索模板；❷选择一款模板，如图 8-13 所示。

图 8-12 点击"剪同款"按钮

图 8-13 选择模板

步骤 03 点击右下角的"剪同款"按钮，如图 8-14 所示。

步骤 04 ❶在"照片视频"界面中，选择五张夜景照片；❷点击"下一步"按钮，如图 8-15 所示。

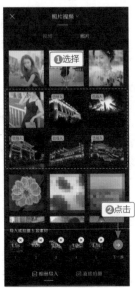

图 8-14　点击"剪同款"按钮　　　　　图 8-15　选择夜景照片

步骤 05 界面中弹出显示合成效果的进度对话框，如图 8-16 所示。

步骤 06 预览完成后，点击"导出"按钮，如图 8-17 所示。

图 8-16　显示合成效果进度　　　　　图 8-17　点击"导出"按钮

步骤 07 在"导出选择"界面中，选择"无水印保存并分享"选项，如图 8-18 所示。

步骤 08 导出视频后，如果要对视频进行修改，❶在剪映 App 的"开始创作"界面中切换至"模板"选项卡；❷选择要修改的模板，如图 8-19 所示。

图 8-18　选择"无水印保存并分享"选项

图 8-19　选择要修改的模板

步骤 09 ❶在"编辑"界面中，选择要修改的片段；❷点击"点击编辑"按钮，如图 8-20 所示。

步骤 10 在弹出的面板中，点击"替换"按钮，如图 8-21 所示。

图 8-20　编辑片段

图 8-21　点击"替换"按钮

步骤 11 在"照片视频"界面中，选择要替换的素材，如图 8-22 所示。

步骤 12 对第五段素材进行同样的操作，替换合适的素材，如图 8-23 所示。

图 8-22 选择素材

图 8-23 替换素材

步骤 13 点击"导出"按钮，导出并播放视频，如图 8-24 所示。

图 8-24 导出并播放视频

050　特效变身，别样漫画反转

【效果展示】：照片变成漫画已经不稀奇了，让漫画变成真人才是新的特效变身玩法，让我们一起来学习这种别样的漫画反转吧，效果如图 8-25 所示。

案例效果

教学视频

图 8-25　特效变身效果展示

下面介绍在剪映 App 中制作特效变身视频的具体操作方法。

步骤 01 打开剪映 App，❶点击"我的"按钮♀，进入"喜欢"界面；❷选择一款喜欢和收藏的模板，如图 8-26 所示。

步骤 02 点击"剪同款"按钮，如图 8-27 所示。

步骤 03 ❶在"照片视频"界面中选择一张照片；❷点击"下一步"按钮，如图 8-28 所示。

步骤 04 界面中弹出显示合成效果的进度对话框，如图 8-29 所示。

图 8-26　选择模板　　图 8-27　点击"剪同款"按钮

图 8-28 选择照片

图 8-29 显示合成效果进度

步骤 05 预览完成后，点击"导出"按钮，如图 8-30 所示。

步骤 06 在"导出选择"界面中，选择"无水印保存并分享"选项，如图 8-31 所示。

图 8-30 点击"导出"按钮

图 8-31 选择"无水印保存并分享"选项

步骤 07 保存并播放视频，如图 8-32 所示。

图 8-32 保存并播放视频

051 水中仙子，人人都是仙女

【效果展示】：剪同款模板中有很多奇幻特效，只需准备一张人像，照片中的人物就能与模板结合，制作出各种神奇的视频效果，如图 8-33 所示。

案例效果 　教学视频

图 8-33 水中仙子效果展示

下面介绍在剪映 App 中制作水中仙子视频的具体操作方法。

步骤 01 打开剪映App，点击"剪同款"按钮🎬，进入"剪同款"界面，如图 8-34 所示。

步骤 02 ❶在搜索栏中搜索模板；❷选择一款模板，如图 8-35 所示。

图 8-34　点击"剪同款"按钮　　　图 8-35　选择模板

步骤 03 点击右下角的"剪同款"按钮，如图 8-36 所示。

步骤 04 ❶在"照片视频"界面中选择一张照片；❷点击"下一步"按钮，如图 8-37 所示。

图 8-36　点击"剪同款"按钮　　　　　图 8-37　选择照片

步骤 05 预览完成后，点击"导出"按钮，如图 8-38 所示。

步骤 06 在"导出选择"界面中，选择"无水印保存并分享"选项，如图 8-39
所示。

图 8-38　点击"导出"按钮

图 8-39　选择"无水印保存并分享"选项

步骤 07 保存并播放视频，如图 8-40 所示。

图 8-40　保存并播放视频

052 画笔画人，高级定制玩法

【效果展示】：画笔画人特效十分高级和逼真，而且是专门定制的，是一种新的玩法，效果都是独一无二的，如图 8-41 所示。

案例效果　　教学视频

图 8-41　画笔画人效果展示

　　下面介绍在剪映 App 中制作画笔画人视频的具体操作方法。

步骤 01 打开剪映 App，❶点击"我的"按钮♀，进入"喜欢"界面；❷选择一款喜欢和收藏的模板，如图 8-42 所示。

步骤 02 点击"剪同款"按钮，如图 8-43 所示。

步骤 03 ❶在"照片视频"界面中选择一张照片；❷点击"下一步"按钮，如图 8-44 所示。

步骤 04 界面中弹出显示合成效果的进度对话框，如图 8-45 所示。

图 8-42　选择模板　　图 8-43　点击"剪同款"按钮

图 8-44　选择照片

图 8-45　显示合成效果进度

步骤 **05** 预览完成后，点击"导出"按钮，如图 8-46 所示。

步骤 **06** 在"导出选择"界面中，选择"无水印保存并分享"选项，如图 8-47 所示。

图 8-46　点击"导出"按钮

图 8-47　选择"无水印保存并分享"选项

步骤 **07** 保存并播放视频，如图 8-48 所示。

图 8-48　保存并播放视频

053　油画变人，艺术感十足

【效果展示】：油画变人是最近比较流行的一种玩法，效果艺术感十足，而且这个模板中还有 3D 希区柯克效果，整体十分动感和立体，如图 8-49 所示。

案例效果　　教学视频

图 8-49　油画变人效果展示

下面介绍在剪映 App 中制作油画变人视频的具体操作方法。

[步骤 01] 打开剪映 App，❶点击"我的"按钮 ♀，进入"喜欢"界面；❷选择一款喜欢和收藏的模板，如图 8-50 所示。

[步骤 02] 点击"剪同款"按钮，如图 8-51 所示。

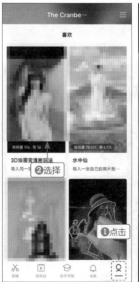

图 8-50　选择模板　　　　图 8-51　点击"剪同款"按钮

[步骤 03] ❶在"照片视频"界面中两次都选择同一张照片；❷点击"下一步"按钮，如图 8-52 所示。

[步骤 04] 界面中弹出显示合成效果的进度对话框，如图 8-53 所示。

图 8-52　选择照片　　　　　　图 8-53　显示合成效果进度

步骤 05 预览完成后，点击"导出"按钮，如图 8-54 所示。

步骤 06 在"导出选择"界面中，选择"无水印保存并分享"选项，如图 8-55 所示。

图 8-54　点击"导出"按钮　　　　　图 8-55　选择"无水印保存并分享"选项

步骤 07 保存并播放视频，如图 8-56 所示。

图 8-56　保存并播放视频

054 变成三岁，一秒回到小时候

【效果展示】：这个模板非常神奇，能让人物一秒回到三岁的样子，而且只需要准备一张正脸照片即可，效果如图 8-57 所示。

案例效果　　　教学视频

图 8-57　变成三岁效果展示

下面介绍在剪映 App 中制作变成三岁视频的具体操作方法。

步骤 01 打开剪映 App，点击"剪同款"按钮 ，进入"剪同款"界面，如图 8-58 所示。

步骤 02 ❶在搜索栏中搜索模板；❷选择一款模板，如图 8-59 所示。

步骤 03 点击右下角的"剪同款"按钮，如图 8-60 所示。

步骤 04 ❶在"照片视频"界面中选择一张照片；❷点击"下一步"按钮，如图 8-61 所示。

图 8-58　点击"剪同款"按钮　　图 8-59　选择模板

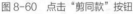

图 8-60　点击"剪同款"按钮

图 8-61　选择照片

步骤 05 预览完成后，点击"导出"按钮，如图 8-62 所示。

步骤 06 在"导出选择"界面中，选择"无水印保存并分享"选项，如图 8-63 所示。

图 8-62　点击"导出"按钮

图 8-63　选择"无水印保存并分享"选项

步骤 07 保存并播放视频，如图 8-64 所示。

图 8-64 保存并播放视频

055 动感照片秀，值得一发朋友圈

【效果展示】：现在九宫格照片已不够新颖了，掌握动感照片秀这个模板玩法，让你的照片秀视频惊艳朋友圈，效果如图 8-65 所示。

案例效果

教学视频

图 8-65 动感照片秀效果展示

下面介绍在剪映 App 中制作动感照片秀视频的具体操作方法。

步骤 01 打开剪映 App，❶点击"我的"按钮♀，进入"喜欢"界面；❷选择一款喜欢和收藏的模板，如图 8-66 所示。

步骤 02 点击"剪同款"按钮，如图 8-67 所示。

步骤 03 ❶在"照片视频"界面中选择七张照片；❷点击"下一步"按钮，如图 8-68 所示。

步骤 04 预览完成后，点击"导出"按钮，如图 8-69 所示。

图 8-66 选择模板

图 8-67 点击"剪同款"按钮

图 8-68 选择照片

图 8-69 点击"导出"按钮

步骤 05 在"导出选择"界面中，选择"无水印保存并分享"选项，如图 8-70 所示。

步骤 06 在剪映 App 中导入刚才导出的视频，点击"特效"按钮，如图 8-71 所示。

图 8-70　选择"无水印保存并分享"选项

图 8-71　点击"特效"按钮

步骤 07　❶切换至"自然"选项卡；❷选择"花瓣飞扬"特效；❸点击✓按钮，如图 8-72 所示。

步骤 08　调整特效轨道时长，对齐视频轨道，如图 8-73 所示。

图 8-72　选择特效

图 8-73　调整轨道时长

步骤 09 点击"导出"按钮，导出并播放视频，如图 8-74 所示。

图 8-74　导出并播放视频

第 9 章
综合案例，大展拳脚

学前提示

　　前几章介绍了剪映 App 中的新手操作、调色技巧、变速卡点、个性字幕、添加音频、创意片头、特色片尾和爆款模板的内容。本章主要介绍一些综合案例，涉及的知识点也比较多，都是最近比较受欢迎的视频，如《燃烧回忆》《季节变换》《视频变色》《三屏视频》《拍照定格画面》《人物抠像跳舞》和《一秒完美换脸》案例，帮助用户做出各种类型的抖音爆款视频。

056 《燃烧回忆》案例：制作照片燃烧效果

【效果展示】：利用色度抠图功能可以做出照片燃烧的效果，画面非常逼真，而且很有代入感，就如同燃烧回忆一般，如图 9-1 所示。

案例效果　　教学视频

图 9-1　照片燃烧效果展示

下面介绍在剪映 App 中制作《燃烧回忆》视频的具体操作方法。

步骤 01 在剪映 App 中导入一张照片素材，点击"画中画"按钮，如图 9-2 所示。

步骤 02 在弹出的面板中，点击"新增画中画"按钮，如图 9-3 所示。

图 9-2　点击"画中画"按钮

图 9-3　点击"新增画中画"按钮

步骤 **03** ❶选择燃烧绿幕视频素材；❷点击"添加"按钮，如图 9-4 所示。

步骤 **04** ❶调整视频轨道的时长，对齐画中画轨道；❷调整画中画轨道中素材的画面大小，使绿幕画面铺满屏幕；❸点击"色度抠图"按钮，如图 9-5 所示。

图 9-4　添加素材

图 9-5　点击"色度抠图"按钮

步骤 05 拖曳取色器，取样屏幕中的绿色，如图 9-6 所示。

步骤 06 ❶选择"强度"选项；❷向右拖曳滑块，设置参数为 100，如图 9-7 所示。

图 9-6　取样绿色

图 9-7　设置"强度"参数

步骤 07 ❶选择"阴影"选项；❷向右拖曳滑块，设置参数为 100，如图 9-8 所示。

步骤 08 点击"音频"按钮，添加合适的背景音乐，如图 9-9 所示。

图 9-8　设置"阴影"参数

图 9-9　添加背景音乐

步骤 09 点击"导出"按钮，导出并播放视频，如图 9-10 所示。

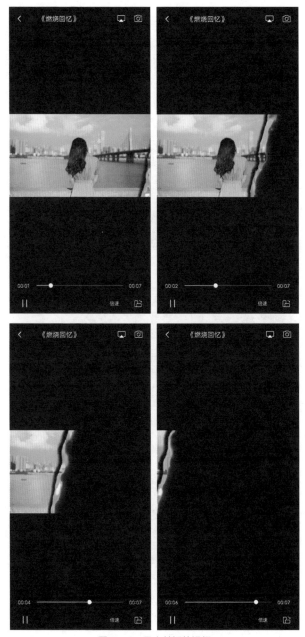

图 9-10 导出并播放视频

057 《季节变换》案例：让人身临其境的体验

【效果展示】：利用智能抠像和关键帧功能可以做出季节变换视频，短短几秒，画面中的人物就能体验两个季节，如身临其境，效果如图 9-11 所示。

案例效果　　教学视频

图 9-11　季节变换效果展示

下面介绍在剪映 App 中制作《季节变换》视频的具体操作方法。

步骤 01 在剪映 App 中导入一段视频素材，❶选中视频轨道；❷点击◇按钮添加关键帧；❸点击"滤镜"按钮，如图 9-12 所示。

步骤 02 ❶切换至"风格化"选项卡；❷选择"默片"滤镜，如图 9-13 所示。

图 9-12　点击"滤镜"按钮

图 9-13　选择"默片"滤镜

步骤 03 ❶拖曳时间轴至视频 2s 位置；❷点击 ◇ 按钮添加关键帧，如图 9-14 所示。

步骤 04 ❶拖曳时间轴至视频 4s 位置；❷点击 ◇ 按钮添加关键帧；❸点击"滤镜"按钮，如图 9-15 所示。

图 9-14　添加关键帧

图 9-15　点击"滤镜"按钮

步骤 05 拖曳滑块，将滤镜的数值调整至 0，如图 9-16 所示。

步骤 06 ❶拖曳时间轴至视频末尾位置；❷点击 ⊞ 按钮添加同一段视频；❸点击"画中画"按钮，如图 9-17 所示。

步骤 07 ❶选择视频轨道中的第二段素材；❷点击"切画中画"按钮，如图 9-18 所示。

步骤 08 ❶调整画中画轨道中素材的位置，对齐视频轨道；❷点击"智能抠像"按钮，如图 9-19 所示。

图 9-16　调整数值　　图 9-17　点击"画中画"按钮

图 9-18　点击相应按钮

图 9-19　点击"智能抠像"按钮

步骤 09 ❶选中视频轨道；❷点击"调节"按钮，如图 9-20 所示。

步骤 10 ❶选择"亮度"选项；❷拖曳滑块，设置参数为 18，如图 9-21 所示。

图 9-20 点击"调节"按钮

图 9-21 设置"亮度"参数

步骤 11 ❶选择"对比度"选项；❷拖曳滑块，设置参数为 −18，如图 9-22 所示。

步骤 12 ❶选择"光感"选项；❷拖曳滑块，设置参数为 15，如图 9-23 所示。

图 9-22 设置"对比度"参数

图 9-23 设置"光感"参数

步骤 13 ❶选择"色温"选项；❷拖曳滑块，设置参数为 29；❸点击✔按钮，
如图 9-24 所示。

步骤 14 点击"特效"按钮，如图 9-25 所示。

图 9-24 设置"色温"参数

图 9-25 点击"特效"按钮

步骤 15 ❶切换至"自然"选项卡；❷选择"大雪纷飞"特效，如图 9-26 所示。

步骤 16 点击"音频"按钮，添加合适的背景音乐，如图 9-27 所示。

图 9-26 选择特效

图 9-27 添加背景音乐

步骤 17 点击"导出"按钮，导出并播放视频，如图 9-28 所示。

图 9-28 导出并播放视频

058 《视频变色》案例：教你一招玩转滤镜

【效果展示】：使用滤镜可以把视频中叶子的颜色由黄色变成绿色，画面变色的过程十分神奇又好看，效果如图 9-29 所示。

案例效果　　　教学视频

图 9-29　视频变色效果展示

下面介绍在剪映 App 中制作《视频变色》视频的具体操作方法。

步骤 01 在剪映 App 中导入一段视频素材，❶选中视频轨道；❷点击"滤镜"按钮，如图 9-30 所示。

步骤 02 ❶切换至"风景"选项卡；❷选择"晴空"滤镜，如图 9-31 所示。

图 9-30 点击"滤镜"按钮

图 9-31 选择"晴空"滤镜

步骤 03 点击"调节"按钮，如图 9-32 所示。

步骤 04 ❶选择"对比度"选项；❷拖曳滑块，设置参数为 7，如图 9-33 所示。

图 9-32 点击"调节"按钮

图 9-33 设置"对比度"参数

步骤 05 ❶选择"色温"选项；❷拖曳滑块，设置参数为 -13；❸点击 ✓ 按钮，
如图 9-34 所示。

步骤 06 回到主界面，点击"滤镜"按钮，如图 9-35 所示。

图 9-34　设置"色温"参数

图 9-35　点击"滤镜"按钮

步骤 07 ❶切换至"电影"选项卡；❷选择"月升王国"滤镜；❸点击✔按钮，如图 9-36 所示。

步骤 08 ❶调整滤镜轨道的时长，对齐视频轨道；❷拖曳时间轴至视频 1s 的位置；❸点击◇按钮添加关键帧，如图 9-37 所示。

图 9-36　选择滤镜

图 9-37　添加关键帧

步骤 **09** ❶拖曳时间轴至视频 3s 位置；❷点击 ◇ 按钮添加关键帧；❸点击"滤镜"按钮，如图 9-38 所示。

步骤 **10** 拖曳滑块，将滤镜的数值调整至 0，如图 9-39 所示。

步骤 **11** 回到主界面，❶拖曳时间轴至视频 1s 位置；❷点击"贴纸"按钮，如图 9-40 所示。

步骤 **12** ❶切换至 🔲 选项卡；❷选择一款贴纸；❸ 点击 ✓ 按钮，如图 9-41 所示。

图 9-38 点击"滤镜"按钮　　　　图 9-39 调整数值

图 9-40 点击"贴纸"按钮　　　　图 9-41 选择贴纸

步骤 **13** ❶调整贴纸的大小和位置；❷调整贴纸轨道的时长，对齐视频轨道的末尾位置，如图 9-42 所示。

步骤 **14** 点击"音频"按钮，添加合适的背景音乐，如图 9-43 所示。

图 9-42　调整贴纸和轨道时长

图 9-43　添加背景音乐

步骤 15 点击"导出"按钮，导出并播放视频，如图 9-44 所示。

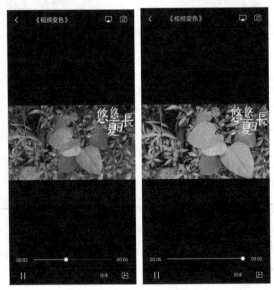

图 9-44　导出并播放视频

059 《三屏视频》案例：旅拍视频新组合

【效果展示】：三屏视频效果非常适合场景差不多的旅拍视频，三幕画面逐渐切换出来，效果非常好看，如图 9-45 所示。

案例效果

教学视频

图 9-45 三屏视频效果展示

下面介绍在剪映 App 中制作《三屏视频》的具体操作方法。

步骤 01 在剪映 App 中导入一段白底素材，❶设置轨道时长为 6s；❷点击"比例"按钮，如图 9-46 所示。

步骤 02 设置画面比例，选择 9：16 选项，如图 9-47 所示。

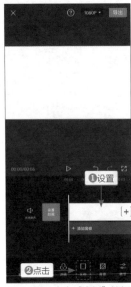

图 9-46　点击"比例"按钮

图 9-47　设置画面比例

步骤 03 回到主界面，依次点击"背景"按钮和"画布模糊"按钮，如图 9-48 所示。

步骤 04 ❶选择第一种样式；❷点击✔按钮，如图 9-49 所示。

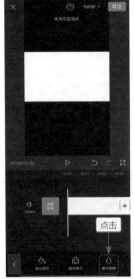

图 9-48　点击"画布模糊"按钮

图 9-49　选择样式

步骤 05 点击"画中画"按钮，如图 9-50 所示。

步骤 06 添加第一段素材，❶拖曳时间轴至视频 1s 位置；❷点击"新增画中画"

按钮，如图 9-51 所示。

图 9-50　点击"画中画"按钮　　　　图 9-51　点击"新增画中画"按钮

步骤 07　依次导入第二段和第三段素材，并调整轨道时长和在画面中的位置，如图 9-52 所示。

步骤 08　❶选择第一个画中画轨道；❷点击"动画"按钮，如图 9-53 所示。

图 9-52　调整位置　　　　　　　图 9-53　点击"动画"按钮

步骤 09 ❶选择"向右滑动"动画；❷点击✔按钮，如图 9-54 所示。

步骤 10 为第二个画中画轨道中的素材添加"放大"入场动画，如图 9-55 所示。

图 9-54 选择"向右滑动"动画

图 9-55 添加"放大"入场动画

步骤 11 为第三个画中画轨道中的素材添加"向左滑动"入场动画，如图 9-56
所示。

步骤 12 点击"特效"按钮，❶切换至"边框"选项卡；❷选择"录制边框 III"
特效；❸点击✔按钮，如图 9-57 所示。

图 9-56 添加"向左滑动"入场动画

图 9-57 选择"录制边框 III"特效

步骤 13 ❶调整特效轨道的时长，对齐视频轨道；❷点击"作用对象"按钮，如图 9-58 所示。

步骤 14 选择第一个"画中画"选项，如图 9-59 所示。

图 9-58　点击"作用对象"按钮

图 9-59　选择"画中画"选项

步骤 15 用同样的方法，为剩下的两个画中画轨道添加同样的特效，如图 9-60 所示。

步骤 16 点击"音频"按钮，添加合适的背景音乐，如图 9-61 所示。

图 9-60　添加同样的特效

图 9-61　添加背景音乐

步骤 17 点击"导出"按钮，导出并播放视频，如图 9-62 所示。

图 9-62　导出并播放视频

060　《拍照定格画面》案例：留下最美的瞬间

【效果展示】：拍照定格画面的效果非常好看，能够让用户留下视频中最美的瞬间，而且这个效果也很适合用来捕捉视频中的重点画面，如图 9-63 所示。

案例效果

教学视频

图 9-63　拍照定格效果展示

图 9-63　拍照定格效果展示（续）

　　下面介绍在剪映 App 中制作《拍照定格画面》视频的具体操作方法。

步骤 01 在剪映 App 中导入四段视频素材，点击"音频"按钮，添加合适的背景音乐，如图 9-64 所示。

步骤 02 ❶选择第一段素材；❷拖曳时间轴至第一段素材的末尾位置；❸点击"定格"按钮，如图 9-65 所示。

步骤 03 回到主界面，点击"画中画"按钮，如图 9-66 所示。

步骤 04 ❶选择定格出来的素材；❷点击"切画中画"按钮，如图 9-67 所示。

图 9-64　添加相关素材

图 9-65　点击"定格"按钮

图 9-66　点击"画中画"按钮

图 9-67　点击"切画中画"按钮

步骤 05 ❶把画中画轨道中的素材时长设置为 2s；❷在画中画轨道素材中的起始位置点击 ◇ 按钮添加关键帧，如图 9-68 所示。

步骤 06 ❶拖曳时间轴至画中画轨道素材的中间位置；❷点击 ◇ 按钮添加关键帧；❸调整素材的画面大小，如图 9-69 所示。

图 9-68　添加关键帧

图 9-69　调整画面的大小

步骤 07　回到主界面，❶拖曳时间轴至第一段素材与第二段素材之间的位置；❷点击"特效"按钮，如图 9-70 所示。

步骤 08　❶切换至"边框"选项卡；❷选择"纸质边框Ⅱ"特效；❸点击✓按钮，如图 9-71 所示。

图 9-70　点击"特效"按钮　　　　图 9-71　选择"纸质边框Ⅱ"特效

步骤 09　❶调整特效轨道的时长，对齐画中画轨道的时长；❷点击"作用对象"按钮，如图 9-72 所示。

步骤 10　❶选择"画中画"选项；❷点击✓按钮，如图 9-73 所示。

步骤 11　❶选择画中画轨道中的素材；❷点击"动画"按钮，如图 9-74 所示。

步骤 12　点击"出场动画"按钮，如图 9-75 所示。

图 9-72　点击"作用对象"按钮　图 9-73　选择"画中画"选项

图 9-74　点击"动画"按钮

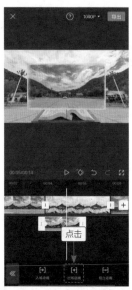

图 9-75　点击"出场动画"按钮

步骤 13 ❶选择"向右滑动"动画；❷点击✓按钮，如图 9-76 所示。

步骤 14 回到主界面，❶拖曳时间轴至视频 3s 位置；❷点击"音频"按钮，如图 9-77 所示。

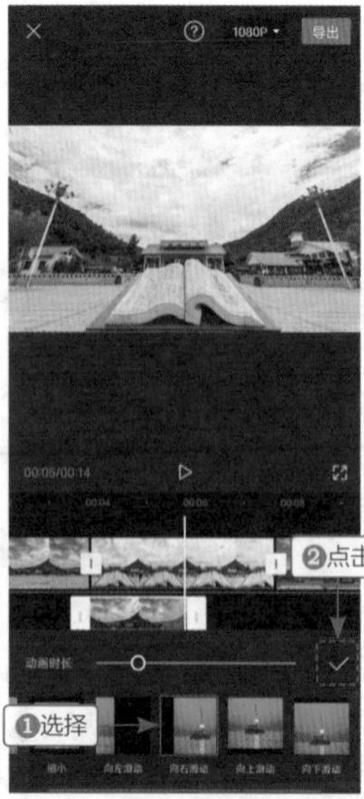

图 9-76　选择"向右滑动"动画

图 9-77　点击"音频"按钮

步骤 15 点击"音效"按钮，如图 9-78 所示。

步骤 16 ❶切换至"机械"选项卡；❷点击"拍照声 1"选项右侧的"使用"按钮，如图 9-79 所示。

图 9-78　点击"音效"按钮

图 9-79　选择"拍照声 1"音效

步骤 17 用同样的方法，为后面的素材制作相同的效果，如图 9-80 所示。

步骤 18 点击第一段素材与第二段素材之间的转场按钮Ⅰ，如图 9-81 所示。

图 9-80　制作同样的效果

图 9-81　点击转场按钮

步骤 19 ❶在"基础转场"选项卡中选择"闪白"转场;❷点击"应用到全部"按钮;❸点击✔按钮确认操作,如图 9-82 所示。

步骤 20 ❶拖曳时间轴至视频起始位置;❷点击"滤镜"按钮,如图 9-83 所示。

步骤 21 ❶切换至"清新"选项卡;❷选择"鲜亮"滤镜;❸点击✔按钮,如图 9-84 所示。

步骤 22 调整滤镜轨道的时长,使其与视频轨道一样长,如图 9-85 所示。

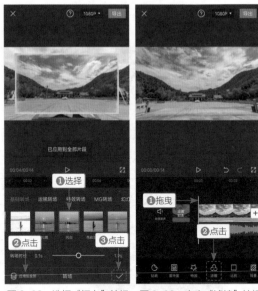

图 9-82 选择"闪白"转场　　图 9-83 点击"滤镜"按钮

图 9-84 调整画面颜色

图 9-85 调整轨道时长

步骤 23 点击"导出"按钮，导出并播放视频，如图 9-86 所示。

图 9-86　导出并播放视频

061 《人物抠像跳舞》案例：随时随地舞动起来

【效果展示】：在剪映 App 中利用智能抠像功能可以抠出人物跳舞的动作，只需更换背景，就可以做出"想在哪里跳舞就在哪里跳舞"的效果，如图 9-87 所示。

案例效果

教学视频

图 9-87　人物抠像跳舞效果展示

下面介绍在剪映 App 中制作《人物抠像跳舞》视频的具体操作方法。

步骤 01　在剪映 App 中导入一段背景视频素材，点击"画中画"按钮，如图 9-88 所示。

步骤 02　点击"新增画中画"按钮，如图 9-89 所示。

图 9-88 点击"画中画"按钮

图 9-89 点击"新增画中画"按钮

步骤 03 ❶选择跳舞的视频；❷点击"添加"按钮，如图 9-90 所示。

步骤 04 点击"智能抠像"按钮，如图 9-91 所示。

图 9-90 添加跳舞视频

图 9-91 点击"智能抠像"按钮

步骤 05 ❶拖曳时间轴至视频轨道末尾位置；❷点击"分割"按钮，如图 9-92 所示。

步骤 06 点击"删除"按钮，如图 9-93 所示。

图 9-92　分割视频

图 9-93　删除多余视频

步骤 07 ①调整画中画轨道中素材的画面大小；②拖曳时间轴至视频起始位置；③点击"音频"按钮，如图 9-94 所示。

步骤 08 点击"音乐"按钮，如图 9-95 所示。

图 9-94　调整素材画面

图 9-95　点击"音乐"按钮

步骤 09 ❶输入并搜索歌曲；❷点击歌曲右侧的"使用"按钮，如图9-96所示。

步骤 10 ❶选择音频轨道；❷拖曳时间轴至视频1s位置；❸点击"分割"按钮，如图9-97所示。

步骤 11 点击"删除"按钮，如图9-98所示。

步骤 12 ❶调整音频轨道的位置，对齐视频轨道；❷拖曳时间轴至视频末尾位置；❸点击"分割"按钮，如图9-99所示。

图9-96 选择音乐　　　　图9-97 分割音频

图9-98 点击"删除"按钮　　　　图9-99 点击"分割"按钮

步骤 13 ❶选择后半段多余的音频轨道；❷点击"删除"按钮，如图9-100所示。

步骤 14 回到主界面，❶拖曳时间轴至视频起始位置；❷点击"滤镜"按钮，如图9-101所示。

图 9-100　删除多余音频

图 9-101　点击"滤镜"按钮

步骤 15　❶切换至"清新"选项卡；❷选择"淡奶油"滤镜；❸设置滤镜参数为70；❹点击✓按钮，如图 9-102 所示。

步骤 16　调整滤镜轨道的时长，使其与视频轨道一样长，如图 9-103 所示。

图 9-102　选择并设置滤镜

图 9-103　调整轨道时长

步骤 17 点击"导出"按钮，导出并播放视频，如图 9-104 所示。

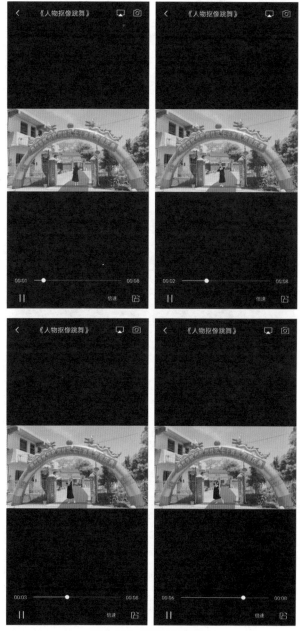

图 9-104　导出并播放视频

062 《一秒完美换脸》案例：简单易学的换脸魔术

【效果展示】：换脸的核心技术就是抠像和蒙版，还可以加一些特效或者滤镜来平衡色差，让换脸效果更加自然，如图 9-105 所示。

案例效果　　　　教学视频

图 9-105　换脸效果展示

下面介绍在剪映 App 中制作《一秒完美换脸》视频的具体操作方法。

步骤 01 在剪映 App 中导入一段换脸前的视频素材，❶选中视频轨道；❷拖曳时间轴至视频末尾处；❸点击"定格"按钮，如图 9-106 所示。

步骤 02 点击"画中画"按钮，如图 9-107 所示。

图 9-106　点击"定格"按钮

图 9-107　点击"画中画"按钮

步骤 03 点击"新增画中画"按钮，如图 9-108 所示。

步骤 04 导入要换脸的视频素材，点击"智能抠像"按钮，如图 9-109 所示。

图 9-108　点击"新增画中画"按钮

图 9-109　点击"智能抠像"按钮

步骤 05 点击"蒙版"按钮，如图 9-110 所示。

步骤 06 ❶选择"圆形"蒙版；❷调整蒙版的大小和位置；❸点击✓按钮确认操作，如图 9-111 所示。

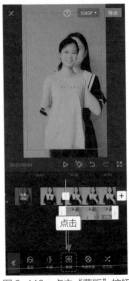

图 9-110　点击"蒙版"按钮

图 9-111　调整蒙版位置

步骤 07 ❶调整画中画轨道中素材的大小和位置；❷调整视频轨道的时长，对齐画中画轨道，如图 9-112 所示。

步骤 08 回到主界面，点击"特效"按钮，如图 9-113 所示。

图 9-112　调整素材和轨道时长

图 9-113　点击"特效"按钮

步骤 09 ❶切换至"氛围"选项卡；❷选择"魔法变身"特效；❸点击✓按钮，如图 9-114 所示。

步骤 10 ❶调整特效轨道的时长，对齐视频轨道；❷点击"作用对象"按钮，如图 9-115 所示。

图 9-114　选择"魔法变身"特效

图 9-115　点击"作用对象"按钮

步骤 11 ❶选择"全局"选项；❷点击✓按钮，如图 9-116 所示。

步骤 12 回到主界面，❶拖曳时间轴至视频起始位置；❷点击"音频"按钮，如图 9-117 所示。

图 9-116　选择"全局"选项

图 9-117　点击"音频"按钮

步骤 13 点击"音效"按钮，如图 9-118 所示。

步骤 14 ❶切换至"魔法"选项卡；❷点击"闪闪亮 3"右侧的"使用"按钮，如图 9-119 所示。

图 9-118 点击"音效"按钮　　　　　　图 9-119 选择"魔法"音效

步骤 15 继续添加"人声"选项卡中的"你别笑"音效，如图 9-120 所示。

步骤 16 根据视频需要，调整音效轨道的位置，如图 9-121 所示。

图 9-120 添加"人声"音效　　　　　　图 9-121 调整轨道位置

步骤 17 点击"导出"按钮，导出并播放视频，如图 9-122 所示。

图 9-122　导出并播放视频